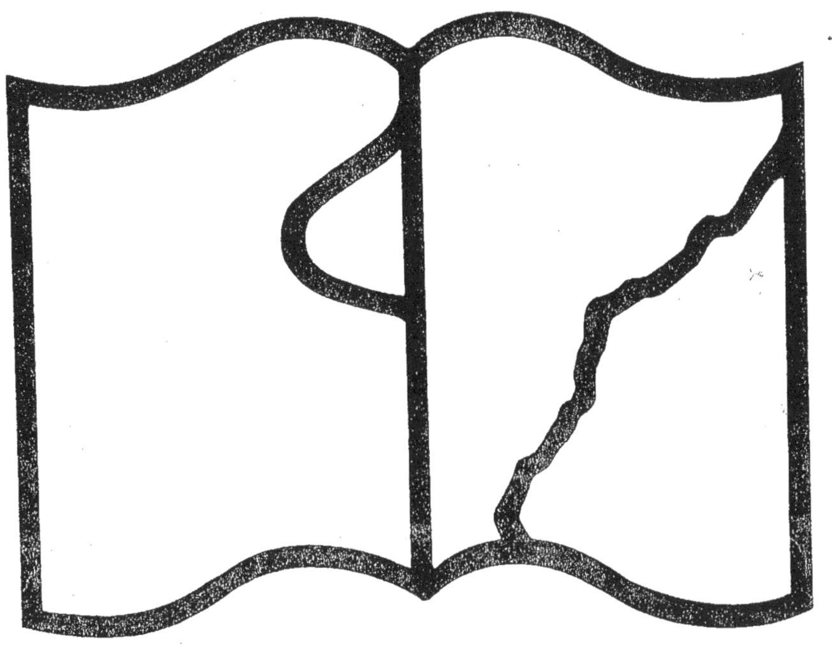

Texte détérioré — reliure défectueuse

NF Z 43-120-11

Contraste insuffisant

NF Z 43-120-14

8° V
12004

CHASSE & TIR

ARMES ET MUNITIONS

BIBLIOTHÈQUE NATIONALE
B.F.
IMPRIMÉS

Guide Galand

GALAND, ARMURIER-FABRICANT
13, RUE D'HAUTEVILLE, 13
PARIS

8° V
12004

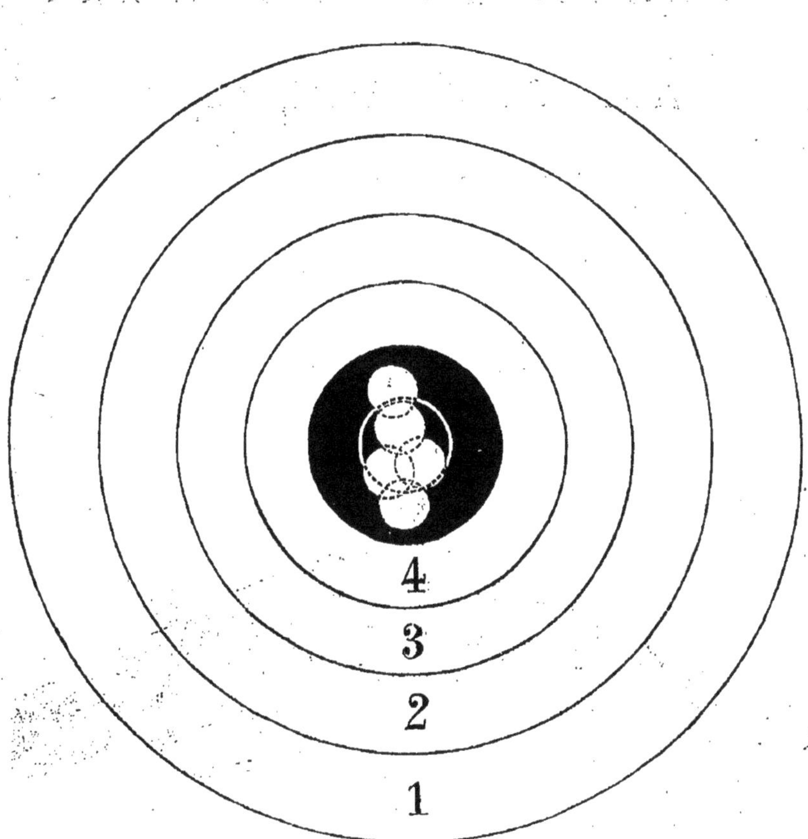

Fac-similé d'une cible faite à 20 mètres avec la Carabine d'Études nº 43 C.

(*Voir page 48*).

L'ARMURERIE

HIER, AUJOURD'HUI, DEMAIN

DÉPOT LÉG
Seine
Nº 2723
1897

Notre tâche est achevée !

Nous avons mis un quart de siècle à remplir la mission que nous nous étions imposée au lendemain de 1870, de « développer en France la connaissance, le goût et l'emploi des armes de tir ».

Pendant vingt-cinq années, l'Album-Galand, à profusion et gratuitement distribué, a initié le public à toutes les questions du domaine de l'armurerie : Armes de chasse et de tir; leur fabrication, leur nature, leurs défauts et qualités; les différents systèmes, leur valeur relative; leurs avantages et leurs inconvénients; l'utilisation pratique de chaque modèle, les précautions à prendre; les soins d'entretien à donner; et mille renseignements sur les munitions, les diverses variétés d'explosifs, les dosages de poudre, la manière de charger les cartouches, etc.

Faut-il rappeler l'énorme succès de ce Traité d'armurerie apparaissant à une époque où rien n'existait de tout ce que nous voyons, où personne ne savait rien des procédés de fabrication, des progrès se réalisant, de la valeur vraie de chaque chose?

Comme arme de guerre, nous en étions encore au Chassepot, qui ne datait guère que de quelques années et venait à peine de se substituer aux carabines à piston. Le Gras, qui a déjà vécu, n'était pas né!

Les armes de chasse comprenaient encore presque autant de fusils à baguette que de fusils Lefaucheux à broche, lesquels ne furent véritablement détrônés par les armes à feu central que bien plus tard.

Comme arme de tir, il n'y avait rien que quelques types de carabines se chargeant par la bouche, ou bien par la culasse mais alors sans douille ni cartouche, comme le modèle Ghaye.

Des pistolets? Il n'en existait pas d'autres, — à l'exception de celui de Ghaye et de quelques mauvais Flobert, — que le modèle de duel.

Et des revolvers? Un seul a survécu, le revolver Galand à extracteur, inventé en 1868. Il est vrai de dire que, suivant la loi commune, il se trouve actuellement bien dépassé par nos nouvelles inventions.

Comme munitions, tout était à faire, à créer, et leur

inexistence était telle, — comme les moyens de fabrication, d'ailleurs, — que le perfectionnement des armes de toute nature s'en est trouvé fort ralenti et même rendu impossible pendant longtemps. Inventait-on une arme, il fallait préalablement imaginer, établir et fabriquer une cartouche, c'est-à-dire réaliser l'impossible!

C'est alors que l'Album-Galand est venu faire la lumière sur toutes choses. Puis, jour à jour, d'année en année, nous y avons signalé les progrès, les découvertes, décrivant sans parti pris, comme sans faiblesse, le fort et le faible des multiples inventions qui se produisaient, mettant en valeur ce qui le méritait sans conteste, mais faisant nos réserves en cas de doute sur la solidité ou l'avantage pratique des modèles et systèmes que l'on vit surabonder.

Grâce à nos efforts et aussi au furieux « coup d'épaule » de nos nombreux imitateurs français et étrangers qui s'empressèrent de nous copier, émaillant parfois d'idées neuves la paraphrase de nos études; grâce à l'émulation qui s'ensuivit parmi les chasseurs, les tireurs et « autres amateurs »; grâce aux discussions qui, souvent, s'élevèrent entre eux sur la supériorité de telle ou telle fabrication, sur celle de certains systèmes et modèles, comme sur les différents procédés de tir, de chargement, d'emploi des munitions et des armes, l'éducation du public se fit graduellement et vite, aussi prompte et complète que le fut l'évolution armurière elle-même.

Aujourd'hui, chacun sait et sait bien. Si bien, nous l'avons déjà constaté il y a plusieurs années, que nombre de personnes, étrangères à l'armurerie, en peuvent remontrer aux plus compétents d'entre les armuriers.

Notre tâche est donc accomplie, et il nous devient inutile de persévérer plus longtemps à vouloir parfaire une œuvre aussi complètement réussie.

Aussi, dorénavant, s'il ne surgit pas dans notre ciel quelque météore qui nous obligerait à revenir à nos anciens errements, nous bornerons-nous à ne plus parler que de nos propres collections qui sont, à notre avis que partage notre immense clientèle, uniques au monde par leur supériorité et leur impeccable fabrication.

On admet pour vrai cet aphorisme : C'est en forgeant qu'on devient forgeron. *Or, quel armurier a, plus que nous, manié, remanié, tourné et retourné la matière armurière. Tout ce que nous offrons, nous le fabriquons nous-même, et il n'est pas un détail, une amélioration dont nos études constantes nous aient révélé l'utilité, que nous n'en ayons immédiatement tiré profit pour l'amélioration de notre fabrication. N'est-ce pas le moyen d'arriver à la perfection? Le seul moyen, pouvons-nous dire, car on ne corrige pas une arme; on la doit cor-*

rectement établir, en suivre de près l'exécution et l'amener à bien sans retouche, si on la veut absolument irréprochable. « Repasser » un fusil, ce n'est pas lui retrancher les défauts qui le vicient, c'est les cacher, car on ne remet pas du fer où il en manque. L'illustre Bréguet ne « repassait » pas les chronomètres d'un fabricant quelconque; ses admirables montres, il les faisait lui-même de toutes pièces, et l'on sait à quelle réputation méritée il est arrivé.

Ainsi faisons-nous pour nos fusils de chasse, nos armes de chasse rayées, nos carabines et pistolets de tir, nos revolvers. Tout cela est fait chez nous et par nous, et se trouve l'objet d'une inquiète et incessante surveillance.

Nous ne demanderons pas si pareil mode d'opérer est chose courante en armurerie. Ce serait de l'indiscrétion; mais nous pouvons bien poser cette question :

Qui donc, sauf les fabricants qui, comme nous, travaillent pour le public et non pour les revendeurs, car alors...! Qui donc peut dire à sa clientèle : Nous vous garantissons que ce que nous vous offrons et vous livrons est SUPÉRIEUR *à tout ce qui existe. Emportez l'arme qui vous tente, usez-en, et si vous ne constatez pas la* supériorité *que nous vous promettons, si, sous un rapport quelconque vous la trouvez seulement* égale *à ce que vous auriez pu vous procurer, rendez-la-nous et nous vous rembourserons intégralement.*

Tel est le langage que nous vous tenons, cher lecteur, et nous vous prions de croire que JAMAIS *nous n'avons eu à rembourser personne.* Toujours *on nous écrit qu'on ne se dessaisirait pas de son acquisition pour « rien au monde ». Il ne vous en coûte rien d'essayer !*

FUSILS DE CHASSE

"ÉLITE"

Pour l'usage des poudres sans fumée

(Poudres pyroxylées).

FUSILS DE CHASSE

Pour l'emploi des poudres pyroxylées.

Vous voulez faire l'acquisition d'un fusil ?

Voyons donc quelles conditions il doit remplir, l'ensemble des qualités qu'il doit réunir pour vous donner la plus grande somme de satisfaction.

Il sera solide et vous offrira la plus complète sécurité.

Son tir sera régulièrement groupé à toutes distances ; la portée très étendue, la pénétration développée au maximum, sans recul anormal.

Le mécanisme, méticuleusement construit, ne souffrira pas la moindre imperfection et ne nécessitera jamais de réparation.

La monture, en bon bois de droit fil, sera scrupuleusement établie à votre couche.

L'arme, dans son ensemble, quoique d'une solidité à tout défier, sera légère, équilibrée, bien en main, facile à l'enjoue, de belle facture et sobrement élégante.

Où rencontrer ce *phénix*, bien plus rare qu'on ne croit !

Nous l'avons dit plus haut : Chez le fabricant qui l'exécutera lui-même et pour vous, avec le souci d'une réputation longuement acquise et qui, le front haut et à visage découvert, réclamera fièrement la pleine responsabilité de son œuvre. Celui-là seul vous offre de sérieuses garanties que vous ne rencontreriez ni chez le manufacturier plus ou moins anonyme qui fabrique à la douzaine, ni chez le revendeur qui s'approvisionne en manufacture.

Donc, chez nous *sûrement*... sinon exclusivement.

Solidité, sécurité, disons-nous.

A aucune époque, il n'a été aussi nécessaire, aussi urgent, autant indispensable de se prémunir contre les accidents, de se mettre en garde contre les dangers d'éclatement, de ne se servir que d'une arme absolument sûre, que depuis l'apparition des poudres pyroxylées.

Beaucoup de chasseurs, pourtant très ferrés et qui savent commander un fusil et l'inspecter en maîtres, ne se rendent pas compte des périls qu'ils courent en utilisant dans les bons fusils à poudre noire dont ils se servaient et desquels ils continuent à se servir, les explosifs brisants français et étrangers, qu'on appelle : Poudres Schulze, EC et poudre S, poudre J.

Dans une magistrale étude que vient de publier, dans la *Chasse Illustrée*, M. le comte H. de Perpigna, et intitulée : *Épreuves des armes de chasse et Pressions dangereuses*, nous lisons :

> L'accident de chasse arrivé, il y a quelques semaines, à l'une des personnalités les plus en vue du monde sportique, et que plusieurs journaux ont relaté, a vivement surpris en même temps qu'il a inquiété tous ceux qui ont entre les mains un fusil de chasse. M. de G. employait pourtant une arme sortant d'une des premières maisons de Paris, et comme tous ceux que livre le commerce, son fusil avait passé par la série des essais d'un banc d'épreuves.
>
> Comment est-il possible que pareil accident se produise ? Telle est la question que chacun se pose.
>
> On sait que toutes nos poudres de chasse sans fumée sont des poudres vives, non fusantes, qui peuvent produire, dans certaines conditions particulières, des accidents comme ceux trop nombreux qu'on signale de tous côtés.
>
> Il devenait donc urgent d'imposer aux fabricants de fusils des essais supplémentaires avec ces poudres brusques que beaucoup de chasseurs utilisent sans avoir conscience des risques auxquels peuvent donner lieu leur usage, pas plus du reste que s'en doutent la plupart des armuriers qui chargent des cartouches avec cette espèce d'explosif brutal et dangereux.
>
> Le chasseur peut, dans une certaine mesure, se mettre à l'abri des accidents, en exigeant que le fusil qu'on lui vend porte les marques des épreuves à la poudre de bois, mais en retenant bien aussi, que pour l'usage de ces poudres, il faut des armes plus solides et fabriquées dans des conditions de résistance toutes spéciales.

Et minutieusement, savamment, en dix ou douze longs articles, l'écrivain, de sa plume très autorisée, étudie et compare les règlements des bancs d'épreuves de Saint-Étienne, Londres, Birmingham et Liége.

Il faut remarquer qu'en Belgique comme en Angleterre l'épreuve est obligatoire et qu'un fabricant encourt de fortes amendes et s'expose à la prison s'il se soustrait à ce contrôle de résistance, que doivent constater différentes marques et poinçons apposés sur les canons et la bascule de toute arme sortant de ses ateliers.

En France, rien de pareil ; ni loi, ni règlement n'imposent à personne cet essai préalable d'où découle une garantie de bonne fabrication, aussi rencontre-t-on encore beaucoup d'armes qui n'ont subi aucune épreuve. Mais tous les armuriers sérieux n'ont jamais manqué d'offrir à leurs clients des armes dûment éprouvées et poinçonnées pour l'usage de la poudre noire et les ont toujours soumises à trois épreuves équivalentes à celles qui sont imposées à Liége comme à Londres et à Birmingham. Quelques-uns ont même poussé plus loin les choses et fait subir à leurs meilleurs fusils finis une *quatrième* épreuve *à la poudre noire extra-fine* constatée par un poinçon S couronné. Enfin, tout récemment, si récemment que M. de Perpigna ne le relève pas dans son travail si complet, quelques fabricants stéphanois se sont décidés à faire éprouver à la poudre de bois des fusils spéciaux qui sont marqués PJ ou PS selon qu'ils ont été essayés avec de la poudre J ou de la poudre S.

En Angleterre, les marques spéciales qui prouvent et constatent l'épreuve à la poudre pyroxylée des fusils finis sont : SCH pour la poudre Schultze et EC pour celle de la Compagnie des explosifs.

Mais ce qui a paru le plus remarquable à l'auteur des *Pressions dangereuses*, c'est l'organisation de la 4e épreuve instituée à Liége par un arrêté royal du 2 mars 1894, dont il donne le texte :

Arrêté royal. — Article premier. — Il est institué, au Banc d'Épreuves des armes à feu établi à Liége, une épreuve spéciale pour les armes qui se tirent à la poudre de bois.

Les épreuves se font à la poudre Schulze ou à la poudre de la Compagnie des explosifs.

Art. 2. — Ne sont admises à l'épreuve de la poudre de bois, que les armes ayant subi les épreuves prescrites par le titre V de l'arrêté royal du 6 mars 1889, et sur demande expresse et écrite *des fabricants d'armes.*

Art. 3. — Les armes éprouvées à la poudre de bois sont revêtues des marques ci-après, savoir :

1° Pour les épreuves à la poudre Schulze, du poinçon $\frac{\text{Un lion}}{S\,C\,H}$;

2° Pour les épreuves à la poudre de la Compagnie des explosifs, du poinçon $\frac{\text{Un lion}}{E\,C}$.

Et il ajoute :

Ces épreuves à la poudre de bois sont donc toutes récentes puisqu'elles remontent à deux années à peine et je ne saurais trop engager ceux de nos lecteurs qui veulent acquérir une arme neuve à exiger de leur armurier qu'elle porte l'une ou l'autre de ces marques de garantie ; par elles, ils auront du moins la certitude que leur fusil aura supporté à l'épreuve des pressions de neuf cents à mille atmosphères, qu'ils n'atteindront jamais, avec les charges pratiques, si les cartouches qu'ils emploient sont convenablement chargées.

Que l'acquéreur d'un fusil n'accepte donc de l'armurier qui le lui livrera aucun faux-fuyant, aucune explication évasive, mais qu'il ait l'énergie de faire de la présence de ces marques d'épreuves une question d'acceptation, *sine quà non.*

Effectivement, il n'y a pas bien longtemps qu'est instituée cette épreuve *facultative*, à laquelle on peut se soustraire et qu'un fabricant n'obtient que sur demande expresse et *écrite;* mais dès le premier jour nous y avons soumis toutes nos armes, dès le premier jour nous avons envoyé au banc d'épreuves de Liége nos fusils, carabines et revolvers, finis, parachevés, prêts à livrer pour leur faire subir ce baptême qui en fait des élus et les soumettre à cette épreuve redoutable, qui détruit sans remède tout ce qui n'y résiste pas complètement (1).

Ce progrès considérable, et qui atteste la supériorité de notre fabrication courante, nous l'avons, le premier, réalisé sans la moindre hésitation et nous ne sachons pas que nous ayons encore beaucoup, beaucoup d'imitateurs.

Nos fusils spéciaux à poudre pyroxylée sont donc revêtus des marques et poinçons réglementaires et officiels attestant leur *solidité* exceptionnelle. On y trouve la plus grande somme possible de *sécurité.* C'est ce que voulions démontrer.

Faut-il, dès lors, parler de notre canon tout particulièrement ?

---

(1) Le *Chasseur pratique*, l'excellent journal parisien dont le titre est si parfaitement justifié disait tout récemment :

« En France, les armes de chasse ne sont pas officiellement éprouvées comme il conviendrait pour l'emploi des poudres pyroxylées ; on ne les y soumet pas aux énormes pressions qu'elles doivent supporter au banc d'épreuves de Liége, où M. Galand fait éprouver et poinçonner ses charmants fusils. »

Les marques d'épreuve dont il est revêtu ne prouvent-elles pas, jusqu'à l'évidence, sa solidité exceptionnelle, ses qualités de résistance outrée, qui ne datent pas d'hier, puisque, dès la première heure, notre fabrication courante a pu supporter la *quatrième* épreuve de Liége que n'affrontent pas toujours sans péril certains canons qu'actuellement on fabrique ailleurs tout exprès pour les soumettre à cet essai officiel, désormais indispensable.

Nos vieux clients se rappellent avec quelle ardeur nous avons prôné les canons de damas et combien nous les avons mis en garde contre les canons en acier, tant que ce dernier métal a pu justifier leur défiance.

Avec le même sentiment de notre responsabilité, nous pouvons aujourd'hui leur affirmer qu'il n'y a plus de raison pour préférer un canon de bon damas à un canon de bon acier. Le premier demeure excellent, le second l'est devenu grâce aux incroyables progrès réalisés dans la préparation de la matière, qui présente même une certaine supériorité comme résistance à la rupture et comme élasticité.

Aussi, nos canons, qu'ils soient en damas ou bien en nouvel acier, ne sauraient-ils inspirer la moindre crainte, puisqu'ils résistent, après leur complet achèvement, à la plus formidable épreuve que l'on connaisse. Et pourtant, il faut bien le reconnaître, ils sont quand même sujets à l'éclatement si on n'y prend garde, ou si l'on s'y emploie, car rien n'est plus facile que de faire crever un canon.

On y parvient aussi aisément qu'à casser une vitre en y plantant le coude ou bien qu'à briser un verre si on le laisse choir.

Il suffit de l'obstruer, de le boucher, « chacun sait çà » !

Ce qu'on sait moins, c'est que, si l'on durcit la poudre pyroxylée dans la douille, au lieu d'appuyer simplement la bourre sur la charge, comme il est expressément recommandé de le faire, on obtient des pressions d'autant plus fortes que le tassement est plus intense. La pression devient ainsi dangereuse et il suffirait d'appuyer très fort la bourre au moyen d'un coup de marteau sur le mandrin pour déterminer presque sûrement l'éclatement du meilleur canon ayant résisté aux épreuves ordinaires et extraordinaires, quelles qu'elles soient (1).

Groupement régulier, longue portée, maximum de pénétration, ce sont des qualités figurant au nombre de celles que nous avons énumérées.

Sous ce rapport, nous croyons bien détenir le *record* et ce n'est pas d'aujourd'hui que datent nos affirmations sur ce point. Avec nos petits fusils si légers, si maniables, si vite à l'épaule et *au droit;* malgré le raccourcissement du canon qui justifie et explique tous ces avantages; avec ces courts canons de 60 à 65 centimètres — que nous conservons à 70 et 75 centimètres lorsqu'on le préfère, mais à quoi bon? — nous garantissons 10 à 15 pour 100 de plus, en cible, qu'avec les meilleurs longs fusils choke, des plus selects tireurs aux pigeons.

Que l'on se rappelle ce que nous disons plus haut : « Il n'en coûte rien d'essayer, de s'en convaincre, puisque nous reprendrions toute arme non reconnue *supérieure.* Encore une fois, nous ne disons pas égale ; nous écrivons bien *supérieure.* »

Mécanisme suréminemment construit. Nous revendiquons pour nos fusils, notamment pour nos hammerless, le privilège d'une exécution hors ligne. Nos batteries à doubles gâchettes de sûreté constituent une exception qui complète la sécurité que procurent nos armes. Dans les conditions de fini de notre fabrication, nos mécanismes de fusils revêtent le caractère de précision de la fine horlogerie et pourraient être signés Bréguet! Aussi, de réparation, n'est-il jamais question.

Crosse établie à la couche du tireur. C'est une condition essentielle pour un chasseur, de posséder une arme à sa couche et qui *tombe en joue toute seule*, comme nous le disions déjà il y a vingt-cinq ans. On passe ainsi du dernier au premier rang des chasseurs, par la réussite des coups toujours bien dirigés.

Inutile de dire que, fabriquant nous-même, nous pouvons

---

(1) Nous reviendrons sur cette intéressante étude des Pressions, au chapitre des *Munitions*, page 76.

garantir une parfaite similitude en cas de copie d'une ancienne crosse, ou bien la même exactitude si l'on se borne à nous donner des indications et mesures précises. *Voir page* 96.

L'arme, dans son ensemble, quoique d'une solidité à tout défier, sera légère, équilibrée, facile à l'enjoue, de belle facture, et sobrement élégante.

Un fusil qui réunit toutes ces conditions, est une merveille. Nous n'en livrons pas d'autre. Un grand progrès que nous avons réalisé trois ou quatre ans avant tous et dont le succès est tel que, partout, on est entré dans la voie que nous avons ouverte, c'est la création de notre *fusil à canon court, renforcé* pour le tir des poudres pyroxylées.

C'est un bijou, ce fusil, un jouet dans la main du chasseur ; il se manie aussi allègrement qu'on le ferait d'un bâton et c'est bien de lui qu'on peut dire : *Il tombe en joue de lui-même.* Mais aussi, pourquoi conserver, pour l'usage des poudres vives, brisantes, le long canon que nécessitait la poudre noire qui fuse et ne s'enflamme toute qu'en avançant vers la sortie. En raccourcissant le canon, nous avons pu l'épaissir au tonnerre aussi bien qu'à la bouche, tout en allégeant l'arme, l'équilibrant, la rendant maniable, prompte, facile et pour tout dire d'un mot : Agréable!

Agréable, sûre, solide et puissante; si puissante que l'efficacité de son tir dépasse tout.

Nomenclature, Description, Prix des fusils " *Élite* ", pour l'usage des poudres pyroxylées

Photogravés page 14 bis et page 16 bis.

Nous rappelons que nous exécutons tous nos modèles au gré de nos clients, comme longueur de canon, mesures de crosse et pente, ce qui n'engage personne, car nous reprendrions et rembourserions le prix de toute arme qui ne serait pas reconnue SUPÉRIEURE.

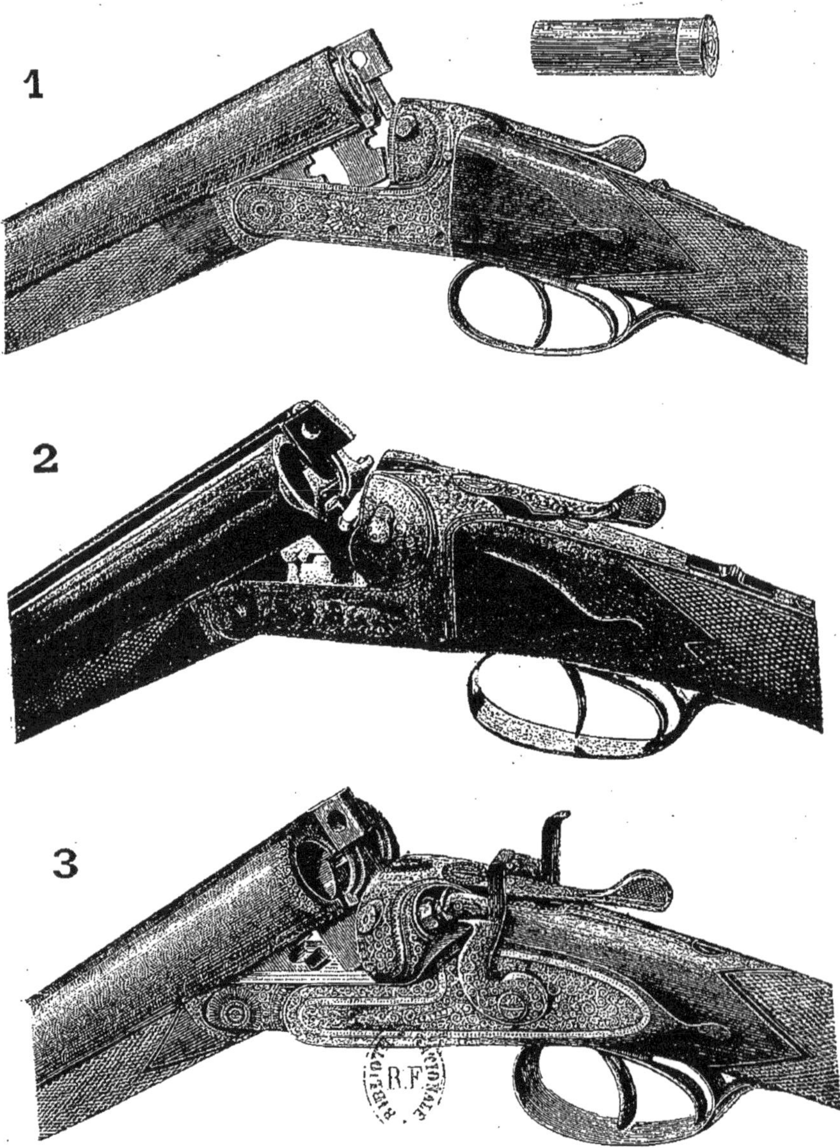

R.F. BIBLIOTHÈQUE NATIONALE

Le n° **1**, est notre hammerless-éjector qui s'établit en calibres 12, 16, 20. Notre modèle réunit les combinaisons les plus remarquables que l'on rencontre dans les différents types de ce genre, et cet assemblage de qualités en fait un spécimen tout à fait supérieur.

On sait ce qu'est un fusil éjecteur :

Au lieu d'un extracteur unique pour les deux canons et qui ramène à la fois les deux cartouches vides ou chargées, chacun des deux canons de cette arme possède son extracteur indépendant et qui agit énergiquement, *après le coup tiré*, pour expulser la douille vide. Le mécanisme de l'éjecteur n'a rien de commun avec celui de la fermeture du fusil et la bascule conserve toute sa solidité. L'arme se charge absolument comme tout autre système de fusil à feu central. Si ensuite, le fusil est ouvert sans avoir été tiré, le mécanisme de l'éjecteur n'opère pas et n'agit que juste assez pour permettre de prendre et sortir les cartouches chargées, mais il reste prêt à fonctionner dès que l'un ou l'autre des deux coups est tiré. L'arme étant alors ouverte, la douille vide se trouve projetée en arrière et une nouvelle cartouche peut être introduite dans la chambre. Si les deux coups sont déchargés, les douilles vides sont de même instantanément rejetées. En un mot, il est impossible d'*éjecter*, de faire jaillir du canon, une cartouche non tirée ; mais toutes les deux sont expulsées par l'éjecteur isolément ou simultanément, dès que le marteau percuteur les a frappées, *dès qu'elles sont tirées.*

Ce système, malgré sa structure, que l'on pourrait croire relativement compliquée et délicate, se trouve, par nous, soumis aux épreuves les plus sévères, et nous pouvons le recommander comme le modèle le plus parfait qu'on ait imaginé. Nous garantissons que notre éjecteur fonctionne toujours bien et ne se *détraque jamais.*

Prix : n° 1 A, **1,000** fr. — N° 1 B, **850** fr.

Le n° **2**, est le hammerless perfectionné, à doubles gâchettes de sûreté, que nous avons indiqué, plus haut, comme doté d'un mécanisme exceptionnellement parfait et d'une exécution supérieure, d'un fini achevé. Ce modèle, plus particulièrement établi avec canon court de 60 ou 65 centimètres — mais que nous ferions à long canon, le cas échéant — est l'objet d'un succès inouï en raison de sa légèreté, de son facile maniement, de son efficacité.

Il vient, tout récemment, d'être l'objet, dans la *Chasse pratique*, du jugement suivant, porté par M. Léopold Ratier, vice-président d'une Société de chasseurs de l'Indre, que nous n'avons pas l'honneur de connaître et que nous remercions d'autant plus vivement de sa bienveillante appréciation qu'elle est toute spontanée :

... C'est un fait avéré, indiscutable, nos fusils à broche, à percussion centrale, ne peuvent plus nous rendre les services réclamés par la trop grande portée où il faut tirer les perdrix.

Tirer de la poudre verte dans un fusil ordinaire, c'est vouloir la mort de ce fusil et souvent celle de celui qui le porte.

L'armurerie française a si bien compris le cas, qu'elle offre aujourd'hui aux chasseurs, des fusils hammerless, fusils à canons courts, sans chiens, d'une très grande solidité, fabriqués spécialement pour la poudre verte et autres poudres pyroxylées et qui possèdent une portée inconnue jusqu'à ce jour.

Je viens de voir à l'œuvre un de ces fusils, un bon hammerless de chez Galand. Ce gentil instrument, à mon grand étonnement (j'avoue que je n'avais pas confiance), vous foudroie à 64 mètres (bien mesurés) les perdrix, qui ne remuent même pas une plume, — et cela du premier coup, qui n'est que demi-choke, avec du plomb n° 6 anglais, équivalant à peu près au n° 7 de Paris.

Si je parle d'un fusil de Galand, c'est pour avoir vu ledit fusil à l'œuvre, commode, bien en main (bien en main surtout). Il faut bien le dire, les fusils de Paris le sont généralement tous, et ce n'est pas un de leurs moindres avantages. Canons courts, bande assez creuse pour que le point de mire n'ait pas besoin d'être cherché et tombe immédiatement à l'œil : cet hammerless me semble posséder toutes les qualités requises dans un fusil à longue portée, pouvant, en conséquence, supporter de fortes charges, sans que ses trois verrous risquent de jamais broncher. Ma très vieille expérience m'a fait déclarer ce fusil parfait et j'engage vivement nos jeunes chasseurs à s'en munir, afin de tuer, pendant qu'il en est encore temps, quelques perdrix à la plaine.

Ceci n'est point une réclame, je vous prie de le croire ; mon caractère des plus indépendants ne s'y prêterait point d'abord, puis je dois vous avouer en toute humilité que je ne connais M. Galand que de réputation, ne l'ayant jamais vu, ne lui ayant jamais parlé...

Parmi les innombrables lettres de félicitations qui nous sont adressées, que nous ne saurions reproduire, mais que nous tenons à la disposition des incrédules, nous détachons ce passage qui détermine bien les qualités extraordinaires de nos petits fusils à canon court : « Je suis content, très content et plus étonné encore. Je n'échangerais pas mon mignon fusil, avec son canon de 60 centimètres, contre n'importe quelle arme, de n'importe quel prix, tant elle est commode, précise et puissante.

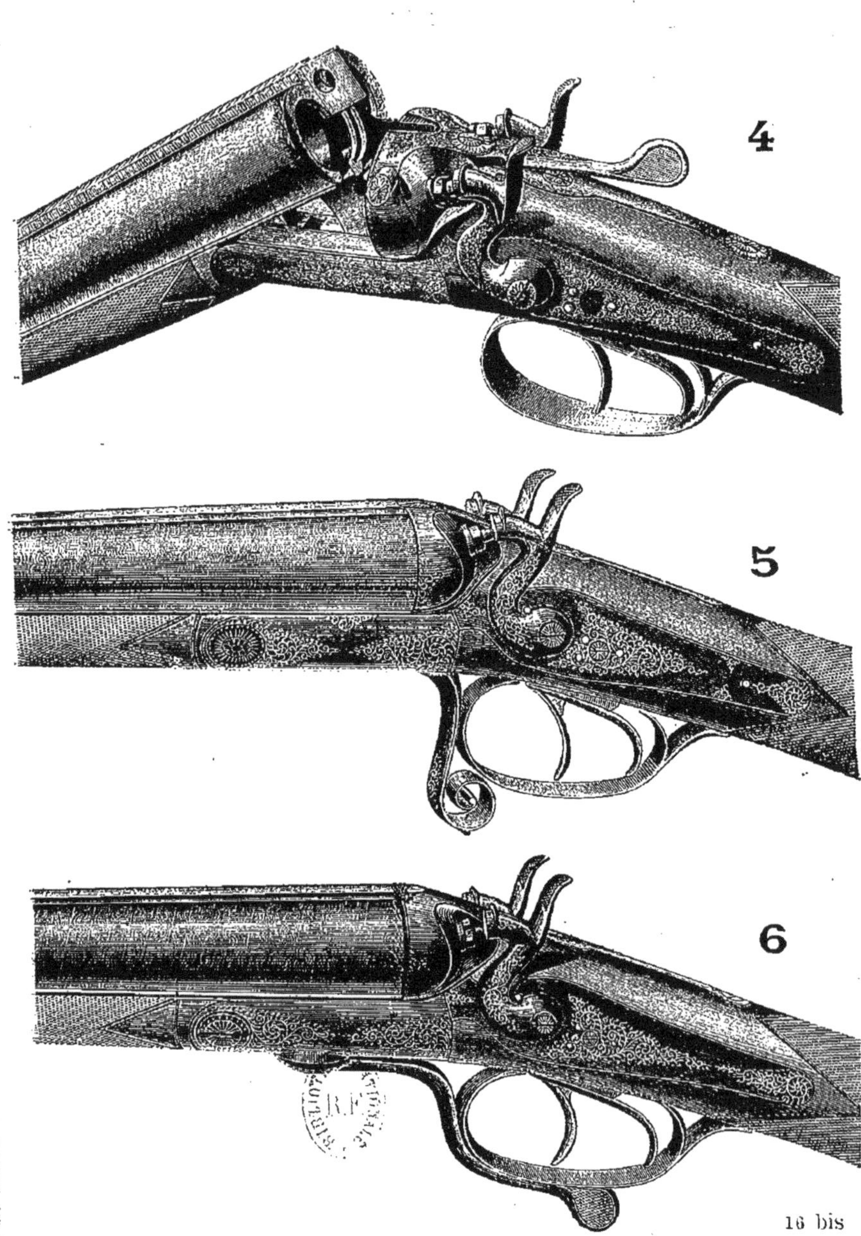
4
5
6

« Il est incontestable que l'on tue bien plus fréquemment qu'avec un long et lourd fusil; quant à la puissance, elle se reconnaît au gibier qui est plutôt trop tué. »

Mais, si « la mariée est trop belle », il y a moyen de corriger cela, et l'on règle le groupement du tir au moyen des bourres, ce que nous expliquerons au chapitre : *Munitions*.

Notre n° 2 existe en calibres 12, 16, 20, 24, 28, et nous le fabriquons aussi en calibre 10, moyennant 50 fr. de supplément.

Prix : n° 2 A, **1,000** fr. — N° 2 B, **800** fr. — N° 2 C, **600** fr.
N° 2 D, **500** fr.

Notre n° **3** est l'image du très bon, très beau fusil top-lever à triple verrou, platines en avant encastrées dans le fer de bascule. C'est le plus élégant des modèles de fusils à chiens et une arme très solide puisqu'elle est soumise à l'épreuve extraordinaire (la quatrième).

Ce type ne nous est guère demandé qu'en calibres 12 et 16.

Prix : n° 3 A, **850** fr. — N° 3 B, **650** fr. — N° 3 C, **450** fr.

Notre n° **4** (*photo-gravure, page 16 bis*) est un modèle top-lever à chiens qui se trouve quelquefois préféré pour sa rusticité, son extrême solidité, son bas prix relatif, par les personnes non encore décidées à se servir du hammerless.

Nous l'établissons aux calibres 10, 12, 16, 20, 24. (Le calibre 10 avec 50 fr. de supplément.)

Prix : n° 4 A, **550** fr. — n° 4 B, **450** fr. — n° 4 C, **350** fr.

Notre n° **5**, dont la fermeture à T anglais *double grip*, jouit d'une réputation méritée d'extrême solidité, est surtout recherché par les chasseurs appelés à s'expatrier, et qui, s'entourant d'un excès de précautions, préfèrent une arme qui ne refuse jamais le service. Elle est la seule, en effet, dont la fermeture ne soit pas automatique ; la clef obéit à la pression de la main et non à un ressort qui ne casse pas, pourtant, mais qui *pourrait* casser.

Ce modèle s'établit aux mêmes calibres, aux mêmes conditions, que le n° 4 ci-dessus et aux mêmes prix, c'est-à-dire :

Prix : n° 5 A, **550** fr. — n° 5 B, **450** fr. n° 5 C, **350** fr.

Le n° **6**, avec sa clef de fermeture à volute sur le pontet, nous est encore parfois demandé par des tireurs habitués non seulement à mettre en joue en appuyant la main gauche au pontet, mais aussi à manœuvrer leur arme au moyen de cette clef. Si ce n'était cette dernière considération, ils pourraient aussi bien choisir un tout autre modèle et nous leur donnerions la satisfaction de retrouver, dans leur nouvelle arme, le point d'appui auquel ils tiennent, en adaptant sur le nouveau pontet une grande volute fixe.

Quoi qu'il en soit, ce modèle s'établit dans les mêmes conditions que ses deux congénères n° 4 et 5, qui n'en diffèrent que par le mode de fermeture.

Prix : n° 6 A, **550** fr. — n° 6 B, **450** fr. — n° 6 C, **350** fr.

Répétons encore une fois que tous les types ci-dessus constituent une Élite ; que nous les garantissons absolument supérieurs à tous les égards ; qu'ils ont subi la quatrième épreuve de Liége et en portent les empreintes; que leur construction, leur tir, toutes leurs qualités en un mot sont hors de pair et que nous ne laisserions pas une de ces armes entre les mains d'un acquéreur qui n'en serait pas convaincu. Nous le rembourserions intégralement !

INDICATIONS A FOURNIR POUR LES COMMANDES

Page 95 : Expédition, transport, payement.
— 96 : Commande d'un fusil sur mesure.

GALAND, 13, RUE D'HAUTEVILLE, A PARIS

FUSILS DE CHASSE

“ CORRECT ”

Pour l’usage exclusif de la Poudre noire.

FUSILS DE CHASSE

Pour l'usage exclusif de la poudre noire.

C'est une catégorie de fusils qui nous est encore presque autant demandée que celle que nous venons de décrire.

Nombreuses encore, en effet, sont les personnes qui ont de valables raisons pour demeurer fidèles à ce vieux bon fusil qui, s'il n'offre pas au chasseur les remarquables avantages que procure l'emploi des armes sûres, éprouvées, pouvant utiliser la poudre sans fumée, assure à celui qui se réclame de la plus extrême prudence, une confiance, une sécurité sans limite.

Évidemment, pour préférer un fusil à la poudre sans fumée, il faut tout au moins pouvoir se procurer cet explosif encore rare dans certains milieux, et puis l'on doit s'imposer la corvée de faire soi-même ses cartouches, à moins que l'on ait à sa disposition un aide sérieux qui s'astreigne consciencieusement à peser au trébuchet, une à une, les charges de poudre qu'il devra *recouvrir* de bourres, sans tassement, sans la moindre pression.

L'observation de ces conditions est essentielle et nous démontrerons plus loin, au chapitre : *Munitions* (*page 76*), l'absolue nécessité où l'on est de s'y soumettre. Il est vrai que l'on peut se soustraire à ces ennuis, en confiant le soin de faire ses cartouches à un armurier attentif, méticuleux, dont l'on soit sûr.

Quoi qu'il en soit, le fusil à poudre noire, l'ancienne très bonne arme à long canon, que nous allégeons d'ailleurs en rognant ce canon de quelques centimètres, sans diminuer la portée, la force de pénétration, qualités que nous portons à leur maximum ; ce fusil, qui ne donne l'ombre d'aucun souci, car il ne saurait éclater sous l'effort de sa charge normale, et qui met à l'abri des imprudences, des négligences que ne tolère pas son rival ; ce fusil de tout repos, toujours et quand même, nous l'avons perfec-

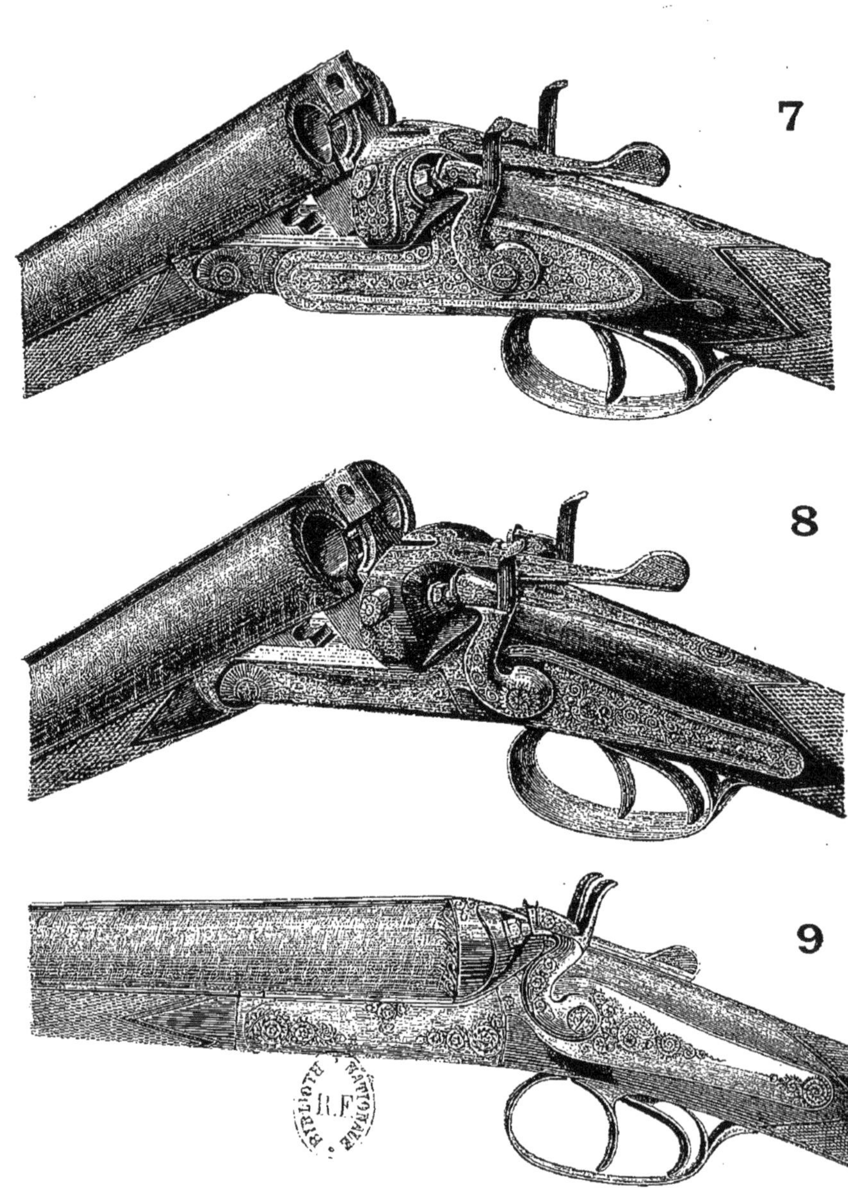

BIBLIOTH. NATIONALE R.F.

tionné et nous le traitons avec les mêmes égards que le modèle « Élite », dont il ne diffère que par l'épreuve extraordinaire (la quatrième) à laquelle il n'est nul besoin de le faire passer.

Il suffit donc de se reporter à la page 5, pour apprécier quelle supériorité nos armes de chasse acquièrent par notre genre de fabrication, nos propres procédés d'exécution et la vigilance dont sont l'objet, de notre part, les moindres détails.

C'est d'ailleurs ce qui nous permet de dire à notre clientèle :

« *Nous ne considérons une vente comme définitive, qu'autant que l'acheteur est pleinement satisfait. S'il ne trouvait pas que nous lui avons livré une arme supérieure, il nous la rendrait et nous le rembourserions intégralement.* »

On opère donc sans risque aucun, en nous confiant l'exécution d'un fusil; cela s'appelle « mettre tous les atouts de son côté ! »

Nomenclature, Description, Prix des fusils « Correct » à poudre noire

Photogravés page 20 bis et page 22 bis.

Le nº **7**, n'est autre que notre nº 3, voir page 17, un peu moins épaissi vers le tonnerre puisqu'il n'est pas utile de le renforcer sur ce point.

Prix : nº 7 A, **400** fr. — nº 7 B, **300** fr.

Le nº **8**, c'est le nº 4, décrit page 17.

Prix : nº 8 A, **300** fr. — nº 8 B, **250** fr.

Le nº **9**, même modèle top-lever, est le type du très bon fusil de bas prix. Passé la limite de 200 francs, il est impossible de rien établir avec garantie de solidité, bon fonctionnement, durée, tir parfait. Ces qualités se trouvent réunies dans ce modèle si peu cher. Nos ateliers sont organisés de telle sorte, au point de vue de la surveillance et du contrôle, que tout y est nécessairement supérieur. Nous fabriquons ce type aux calibres 12, 16, 20, 24, 28.

Prix : n° 9 (modèle unique), **200** francs.

Le n° **10,** c'est le n° 5, voir page 17.

Prix : n° 10 (type unique), **300** francs.

Le n° **11** est un perfectionnement du fusil à clef volute qui suit et que nous avons décrit sous le n° 6, voir page 18.

Comme les n°s 6 et 12, il offre par la largeur de la partie supérieure de son pontet un solide point d'appui à la main gauche, mais il en diffère en ce que la clef, se composant d'une spatule que l'on soulève avec le pouce et qui s'applique sans saillie sur le pontet, se trouve absolument abritée. Ce mode de fermeture est réclamé par les chasseurs ayant à faire, à cheval, de longs déplacements ; car, porté en bandoulière, ce fusil est le seul qui ne puisse s'ouvrir et basculer inopinément. Comme le n° 12, ci-après, nous le faisons aux calibres 12, 16, 20, 24.

Prix : n° 11 (type unique), **325** francs.

Enfin, notre n° **12,** qui complète la collection de nos « fusils de chasse à deux coups » est exactement le modèle de la description qui figure page 18, sous le n° 6.

Comme le n° 11, il n'existe qu'aux calibres 12, 16, 20, 24.

Prix : n° 12 (type unique), **300** francs.

Nota : *Tous les fusils modèle* « Correct » *coûtent* **50** *francs de supplément en calibre 10.*

Nous prions nos lecteurs de se rappeler les garanties que nous leur offrons : satisfaction complète, sinon remboursement intégral.

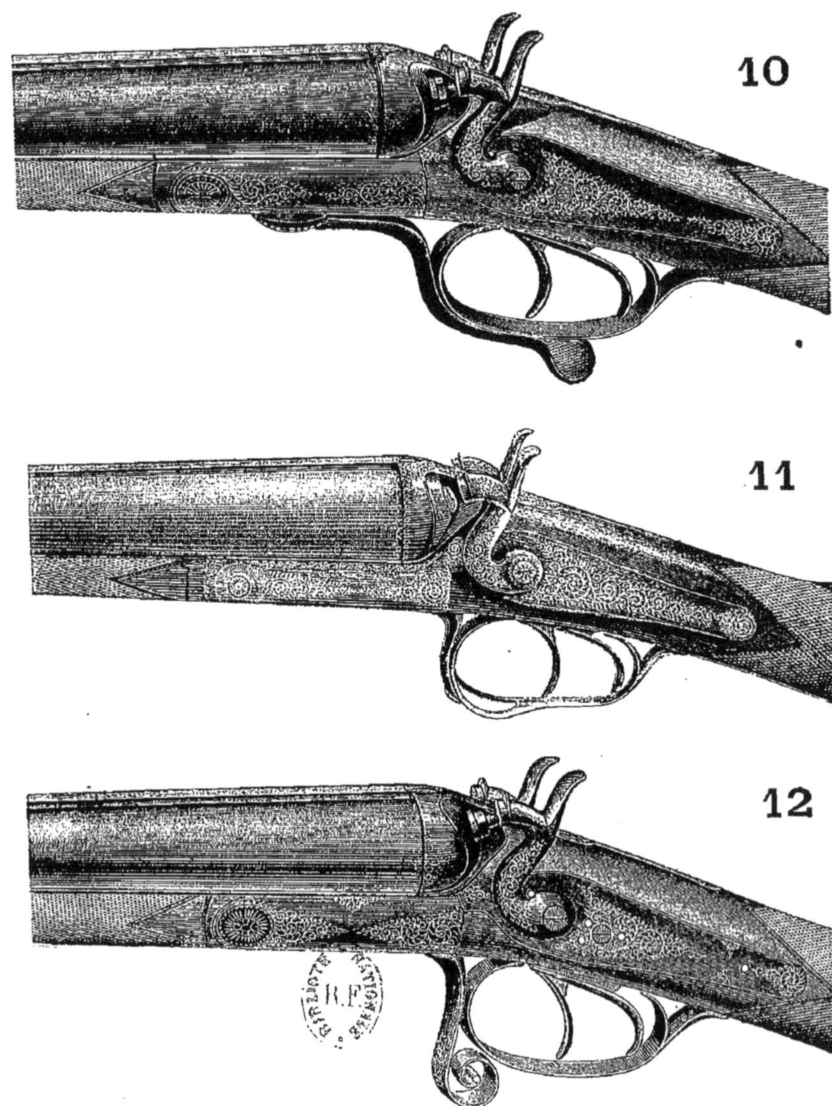

BIBLIOTHÈQUE NATIONALE R.F.

CANARDIÈRES

Nos canardières ont, comme nos fusils, leur réputation faite ; on sait qu'il n'en existe pas de plus puissantes, qu'elles dépassent en portée efficace les limites ordinaires et que, comme solidité et parfaite exécution, elles offrent toutes garanties.

Ce qui nous a valu un grand succès avec ces grosses armes, c'est que nous avons pu les établir à près de moitié des prix cotés en Angleterre.

Avons-nous besoin de redire encore quelle responsabilité nous acceptons vis-à-vis de nos clients? Qu'ils veuillent bien relire ce que nous disons plus haut sous ce rapport. Nous prenons, pour nos canardières, les mêmes engagements, c'est-à-dire les reprendre et en rembourser intégralement le prix, si elles ne donnent pas complète satisfaction.

Type « Élite » pour l'usage des poudres pyroxylées :

C 1. — Modèle à deux coups, hammerless, top-lever à triple verrou, du calibre 8, **900** fr.

C 2. — Modèle à un coup, à chien, top-lever à triple verrou, du calibre 8, **750** fr.

C 3. — Modèle à un coup, à chien, top-lever à triple verrou, du calibre 4, **750** fr.

Type « Correct » pour l'usage exclusif des poudres noires :

C 4. — Mod. à 2 coups, et à T angl. double grip, cal. 8, **550** fr.
C 5. — — — cal. 4, **550** »
Mod. à 1 coup : C 6, cal. 4, **400** f. — C 7, cal. 8, **400** f. — C 8, cal. 10, **325** f.

Pour le service en bateau, nous établissons le modèle C 6, de façon à pouvoir le tirer à l'épaule ou bien le fixer instantanément sur un **pivot-affût** où l'arme, une fois en place, pivote dans tous les sens et se pointe aisément dans toutes les directions; le recul est alors supporté par le bateau.

— Modèle C 9. — Canardière calibre 4, avec pivot-affût prêt à être boulonné sur le bateau, **500** fr.

NOTA. — *Accessoires et munitions spéciales pour canardières*, *page* 83.

CANONS DE RECHANGE

Pour Fusils et Carabines doubles.

Tous nos canons sont garantis de qualité supérieure. Ceux de rechange appelés à s'appliquer à des armes " Élite ,, subissent la quatrième épreuve à la poudre pyroxylée et sont livrés revêtus des marques et poinçons qui le constatent.

Ceux pour le tir des poudres noires sont, comme les premiers, exempts de tout défaut et présentent les garanties les plus sérieuses. Ils portent tous les marques de trois épreuves.

Des canons de rechange ou de remplacement peuvent être adaptés à des fusils ayant déjà un certain service, mais l'épreuve de la bascule se fait aux risques et périls du client.

Le prix de l'adaptation d'un canon de rechange est proportionné à la nature et à la qualité du fusil qui le reçoit et dépend des soins à donner à l'arme en raison de sa valeur intrinsèque. Le calibre n'a aucune influence sur le prix, excepté pour le gros calibre 10 qui supporte un excédent de 50 francs. — *Renseignements immédiats sur demande.*

Le *choke-bored* est facultatif et ne coûte aucun supplément.

La *rayure* des canons de rechange d'un fusil, pour le tir à balle conique, coûte 50 francs; ce canon carabiné est muni d'une visière à hausse et d'un guidon particulier. La *précision est garantie.*

L'adaptation d'un canon de rechange, sur un fusil déjà en service, coûte un supplément de 15 francs, pour le transport à la fabrique et les frais de détrempe et de retrempe des pièces de bascule; en outre, si cette arme nécessite des réparations, ou si l'on demande sa mise à neuf, il en résulte une dépense supplémentaire, selon le travail à exécuter.

INDICATIONS A FOURNIR POUR LES COMMANDES

Page 95 : Expédition, transport, payement.
— 96 : Commande d'un fusil sur mesure.

PETITS FUSILS DE CHASSE

A UN COUP

PETITS FUSILS DE CHASSE A UN COUP

Armes d'Agrément, de parc, de jardin, etc.

(Ne pas confondre avec les carabines Flobert. — **Voir** page 73.)

On ne trouve guère, chez les armuriers, que des carabines Flobert ou armes similaires n'utilisant que des amorces à balle ou à plombs, avec charge de fulminate, et ne permettant pas l'emploi de cartouches chargées de poudre. Ces carabines ne sont, en réalité, que de solides jouets et ne sont appropriées qu'au tir des petits oiseaux dans les jardins clos de murs, où l'on doit, comme à l'intérieur des villes, par exemple, éviter de faire trop de bruit.

Naturellement, nous fabriquons tous les bons modèles de ce genre et nous en avons même fait — voir page 73 — de solides petits fusils, légers et plus pratiques que les *carabines* si connues.

Mais sachant qu'à la campagne on a mille occasions de se servir d'une arme plus sérieuse, quoique légère, nous avons créé divers modèles de **petits fusils à un coup**, de calibre réduit, à feu central, dont la munition est moins coûteuse encore que celle du Flobert ; en effet, si l'on utilise des douilles en cuivre, que l'on peut recharger presque indéfiniment, le coup de feu revient exactement au même prix que celui d'une arme se chargeant par la bouche, c'est-à-dire à quelques centimes.

A certaines époques de l'année, par exemple pendant la saison des fruits, il est des contrées où la chasse des oiseaux maraudeurs est un des amusements que se permettent les dames. De toutes les armes employées à cet usage, celles-ci doivent être pré-

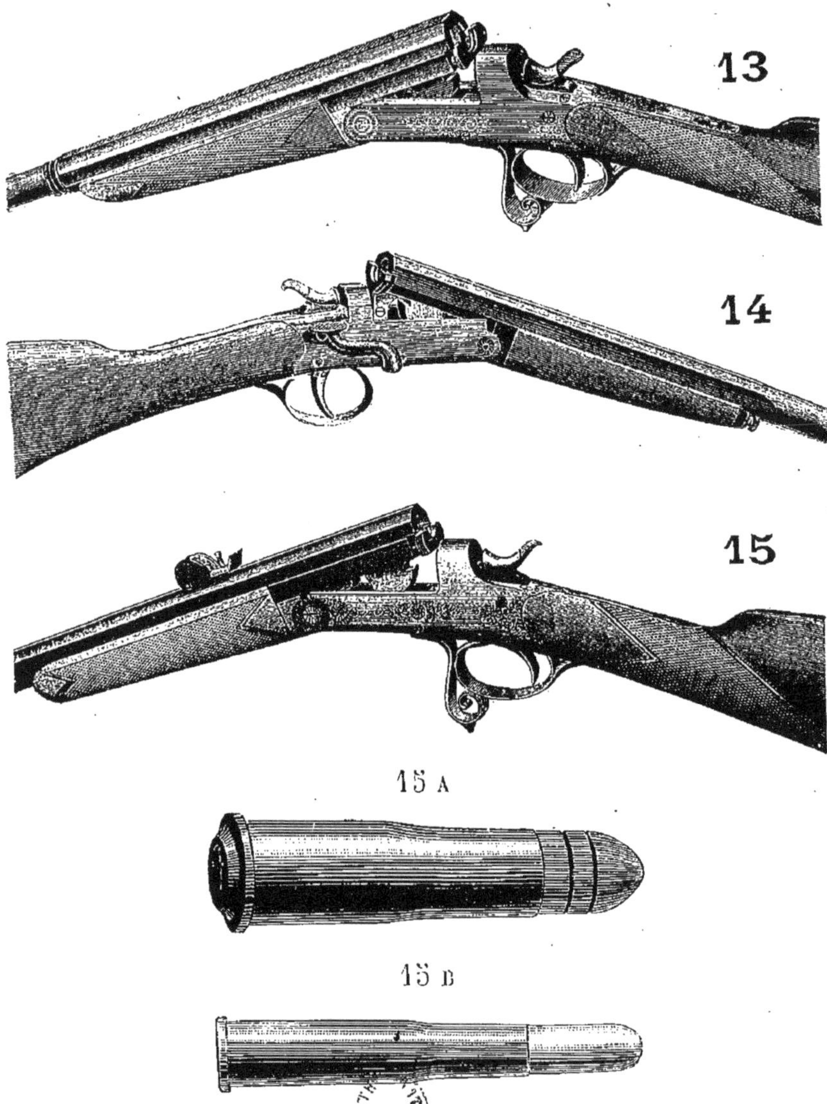

BIBLIOTHÈQUE NATIONALE RF

férées, autant à cause de leur légèreté, qu'en raison de leur maniement facile, de l'absence de tout recul, et du peu de cherté de la charge.

Pour la chasse *aû poste*, dans le Midi, ces petites armes obtiennent un grand succès. Elles se classent par ordre de mérite, suivant la grosseur du calibre et sa puissance correspondante, puissance qui est très développée, vraiment extraordinaire lorsque le canon est *choke-bored*, car on obtient alors des résultats tels qu'avec les petits calibres 24, 28 et même avec un calibre de 14 millimètres, on peut abattre une grive à 50 mètres et bien au delà, comme il est possible de tuer un lapin, un lièvre, un chevreuil jusqu'à 60 mètres, si l'on tire du plomb assez gros. Quant au calibre de 12 millimètres, sans produire un tir aussi meurtrier, il suffit pour la chasse des petits oiseaux, y compris le merle, à la distance de 30 à 40 mètres.

Nomenclature, description, prix des petits fusils à un coup

Photogravés page 26 bis.

— Notre petit fusil n° **13** est une arme à bascule, à feu central, avec extracteur et à *devant détaché*. Pour enlever le canon de sa monture, il faut d'abord, avant de le faire basculer, tirer fortement à soi le devant en bois pour le détacher du canon. Aucun appareil visible ne détermine l'adhérence de cette pièce; c'est une double griffe intérieure faisant pression sur le tenon qui produit l'assemblage. Lorsqu'on remonte le fusil et que l'on replace le devant en bois sous le canon, il suffit de l'appliquer à sa place pour qu'il s'y fixe solidement.

La charge de poudre noire des cartouches varie de 3 grammes et demi à 2 grammes pour les fusils des calibres 24, 28 et 14 millimètres; celle des cartouches de 12 millimètres ne doit pas dépasser 1 gramme.

Ce modèle, pour l'usage exclusif du tir à plombs, se fabrique en trois types :

N° 13 A, aux calibres 24 et 28. Il est livré *choke* ou non au gré de l'acheteur, dont les indications sont observées en ce qui concerne les mesures de crosse, etc., absolument dans les mêmes conditions de garantie que nos fusils à canon double. Prix : **125 fr.**

N° 13 B, au calibre de 14 millimètres. Prix : **100 fr.**

N° 13 C. Ce type mérite une attention particulière. De tous les modèles que nous avons inventés ou créés, il n'en est peut-être pas un dont nous soyons plus fier, qui nous ait valu autant d'éloges et de vifs témoignages de satisfaction.

Mais il est tellement pratique, si amusant; il offre tant d'avantages qu'il tente toutes les personnes qui le voient utiliser par leurs amis, aussi nous est-il incessamment demandé et se trouve-t-il l'objet d'une vente suivie.

Pour tout dire d'un mot, ce n° 13 C procure à l'acheteur un très bon petit fusil — c'est le 13 B, — en même temps, qu'une excellente carabine de très haute précision — le n° 15, décrit ci-après. Cela s'obtient au moyen d'un canon rayé de *rechange* qui s'adapte sur la même crosse. On possède ainsi deux armes exquises en une seule et pour le prix d'une seule. Prix : **150 fr.**

(*Exception*) n° 13 bis. — Même modèle que le n° 13 B, mais à *canon double*. Prix : **150** fr.

Le n° **14** est un modèle « pas cher », très recommandable. C'est aussi un vrai petit fusil à bascule, d'un maniement très agréable et dont la manœuvre ne nécessite aucune force, aussi se trouve-t-il chaleureusement accueilli par les adolescents, qui trouvent en lui une arme sérieuse et non un jouet.

Son prix, très abordable, est extrêmement avantageux, eu égard à sa solidité et à son tir très efficace.

Nous l'établissons aux calibres de 14, 12 ou 9 millimètres à feu central, ce qui donne un choix complet de nature à satisfaire à toutes les exigences.

La manœuvre, nous l'avons dit, est des plus simples : Pour

basculer le canon, presser sur la clef. Pour démonter le canon, détacher d'abord le devant en bois, en pressant le bouton qui le surmonte.

Prix : 14 A, calibre 14 mill., non-choke **60** fr. — Choke **70** fr.
14 B, 12 **60** fr. — **70** fr.
14 C, 9 **60** fr. — Ce calibre ne peut pas être *choke-bored*.

N° 52, le même, pour amorces flobert de 9 mill. **60** fr.

Notre n° **15** n'est pas un fusil, c'est une carabine de haute précision; mais elle est tellement mignonne, facile, agréable, qu'on doit la considérer comme un petit fusil de parc. En réalité, c'est le **rook rifle,** la carabine à corneilles, pies, lapins, etc. Aucune qualité ne manque à cette petite carabine; elle possède tout à la fois l'élégance, la solidité, la commodité, la simplicité et la plus précise justesse. — Établie au calibre de 9 millimètres, elle utilise des munitions en cuivre embouti, pouvant se recharger des centaines de fois, au moyen de balles que l'on peut fondre et fabriquer soi-même. Cette munition se charge à poudre noire. — Établie au calibre de 6 millimètres pour l'usage des cartouches à poudre sans fumée et balle blindée, c'est-à-dire toute recouverte de métal, comme la balle Lebel, elle possède une portée, une vitesse initiale considérable et les munitions sont également réamorçables un grand nombre de fois.

La précision est garantie jusqu'à 100 mètres, quoique le tir soit encore parfait à 200 mètres. Prix : **115** fr.

Un autre **modèle riche** « **Élite** » est le n° **16** que nous venons de créer sans avoir eu le temps d'en obtenir un dessin; mais nos lecteurs sont assez renseignés sur le mérite du *top-lever*, pour que nous ayons à nous préoccuper de ne pouvoir leur mettre sous les yeux, la figure de cette admirable petite arme.

C'est, comme petit fusil, l'un ou l'autre des n°s 13 A et 13 B, puisque nous le fabriquons aux trois calibres : 24, 28 ou 32 (14 mill.), mais c'est un modèle top-lever, c'est à dire un type d'élégance et de solidité. Prix : **175** fr.

Le nº **16** bis est la même arme, augmentée du canon de *rechange*, rayé, qui la différencie et l'agrémente, comme le fait le nº 13 C, procurant deux excellentes armes : un fusil choke, ou bien une carabine de précision, pour le prix d'une seule arme. Prix : **225** fr.

Nota. —*Les accessoires et munitions pour nos armes de parc, sont catalogués, page* 83.

INDICATIONS A FOURNIR POUR LES COMMANDES

Page 95 : Expédition, transport, payement.
— 96 : Commande d'un fusil sur mesure.

Armes d'occasion, excellents modèles d'Hier, liquidés à 20 0/0 de remise sur les tarifs d'hier, voir page 99.

IMPORTANT. — On nous informe que d'effrontés individus, se disant nos représentants, parcourent la province, l'Algérie et l'étranger, où ils *vendent* et *livrent* des armes défectueuses qu'ils prétendent tenir de la MAISON GALAND et réaliser pour son compte.

Nous n'avons pas de représentants, et *nous livrons toujours directement* ou *nous expédions nous-même*, *sans intermédiaires*, les armes de notre fabrication.

Nos prétendus représentants sont des imposteurs à signaler à la police. Nous prions nos lecteurs qui seraient l'objet de leurs obsessions de nous en prévenir afin de nous faciliter la répression de leurs agissements frauduleux.

ARMES DE CHASSE RAYÉES

Pour le tir à balle.

FUSILS ET CARABINES

FUSILS ET CARABINES DE CHASSE

Pour le tir à balle, à la chasse, il faut plus et mieux qu'un fusil. Nous avons énuméré plus haut, page 8, les nombreuses conditions que doit réunir une bonne arme de chasse pour être digne de ce nom; nous ne nous répéterons pas. Nous ajouterons toutefois que nos *fusils*, avec leurs canons si bien dressés, lancent une balle spéciale avec une précision remarquable et plus que suffisante pour suffire à nos petites chasses de France.

Nous entendons, ici, parler d'armes sérieuses, pour le tir à longue portée et la guerre aux grands fauves.

Disons donc, qu'en outre des caractères qui distinguent le bon fusil, tous les modèles d'armes à canon rayé doivent posséder une qualité primordiale : la précision; et un excédent de solidité qui, pour les gros rifles, peut et doit, même, confiner à la rusticité.

C'est que, dans bien des circonstances, cela se promène ailleurs que dans les tirés de Marly et il ne fait pas bon rire à certains moments. Aussi, le tireur doit-il pouvoir compter toujours et très formellement sur le bon fonctionnement de son arme — arme de défense et d'attaque tout à la fois — de même que sur une précision ne laissant rien, absolument rien à désirer.

Nos mécanismes, non plus que l'ensemble de nos fusils, n'ont jamais rien à redouter de la plus sévère expertise. A plus forte raison, puisque nous en comprenons toute l'importance, soignons-nous la résistance, la plus parfaite régularité de service de nos armes rayées. Quant à la précision, nous ne la marchandons pas. Il ne sort pas de nos mains une seule carabine qui n'envoie toutes ses balles « l'une sur l'autre », selon l'expression de M. Foa, ou bien qui ne permette « d'atteindre un hanneton à 80 mètres », ainsi qu'on le verra plus loin.

Cette extraordinaire précision, due à des artifices de fabrication, nous la garantissons absolument, aussi bien pour nos modèles à trois canons, que pour nos carabines doubles et pour nos rifles à canon unique. Et cette garantie, on se le rappelle, n'est pas une vague assertion; elle va jusqu'au remboursement du prix d'une acquisition qui ne tiendrait pas toutes nos promesses.

Examinons la nature, l'espèce, le calibre des armes généralement utilisées; la liste en est longue, aussi longue que celle des animaux qui en nécessitent l'emploi, à partir du chevreuil et même du lièvre, arrêtés aux écoutes et qu'une balle vient surprendre, jusqu'à l'hippopotame, le rhinocéros, l'éléphant, voire la baleine. Oui, la baleine, puisqu'un gros cétacé de 15 mètres de long vient encore d'être tué par une de nos balles explosibles, en vue de Cabourg !

— Il y a d'abord le canon double rayé, de *rechange*, qui s'adapte sur la crosse du fusil de chasse ordinaire et se livre en même temps que ce fusil, ce qui permet une fabrication d'ensemble à préférer.

L'adjonction, l'ajustage de ce deuxième canon peuvent être obtenus ultérieurement à la livraison ; le travail, en ce cas, se montre plus difficultueux ; il n'en est pas moins bien exécuté.

Il va de soi que le calibre d'un canon carabiné de *rechange*, est proportionnel à celui du canon de fusil. On y peut tirer des balles très meurtrières, depuis celle en plomb, jusques et y compris notre balle explosible à pointe d'acier ; mais nécessairement, la portée, l'effet utile ne sauraient égaler celles des vrais rifles étoffés dont nous allons parler.

— Pour les chasses de surprise ou d'affût comme celles du chamois, de l'isard et autres animaux que l'on doit tirer de loin et tuer d'un seul coup — car de doubler son feu, il ne peut être question — nous avons une courte carabine du genre Lebel, sous le rapport de la munition, et d'une construction robuste bien comprise pour affronter les difficultés des courses en montagne. C'est le n° 17 dont nous parlons plus loin.

— Comme arme pratique appropriée à toutes les chasses de plaine et de bois nous signalerons notre nouveau fusil court, renforcé, à trois canons, voir dessin n° 18, page 34 *bis*, qui n'est pas plus lourd qu'un ancien 12 à poudre noire, et qui paraît plus léger en raison de son bon équilibre. Il procure au chasseur des jouissances infinies. C'est en somme, un fusil à canon double du calibre 12, mais agrémenté d'un troisième canon rayé de haute précision et de très petit calibre, tirant avec une trajectoire très tendue, une balle blindée, qui permet de « cueillir » un canard en plein milieu d'un étang, un lièvre arrêté à 100 mètres, un chevreuil trop éloigné pour se montrer prudent, un sanglier que l'on rencontre; on pourrait, même, blesser mortellement un fauve d'Afrique, avec le canon carabiné du calibre 25/25, — voir cette munition, page 38 bis.

Ces exploits se renouvellent fréquemment et procurent d'autant plus de plaisir qu'il n'en résulte aucun surcroît de fatigue, puisque l'arme n'est pas plus pesante qu'un fusil double ordinaire de même calibre, au contraire. Le canon rayé peut être établi pour l'emploi de l'une ou l'autre des cartouches n°s 23 et 24 dessinées ci-contre. Nous faisons la description minutieuse de ce modèle hors pair, page 36.

— L'arme supérieure entre toutes, c'est le rifle-express dont les effets sont foudroyants, même à longue distance, sur les plus gros fauves. Ce modèle, selon qu'on lui donne des proportions plus ou moins développées et en rapport avec son calibre, se prête à toutes les exigences. — Voir page 38, pour la description.

— De plus puissant que notre rifle double express 577, dont, sur la foi de nos clients expérimentés, nous pouvons affirmer la redoutable et certaine efficacité contre tout, sans en excepter les pachydermes, il n'est plus rien que nos grosses carabines à canon simple et double, des calibres 8 et 4. Aucun animal ne résiste à l'une de nos balles énormes, soit explosible, soit pleine avec pointe d'acier.

Telle est l'énumération rapide des engins les plus sérieux pour le tir à balle. Il y a bien aussi les nombreuses séries des carabines américaines, simples et à répétition; mais de l'avis des vrais bons chasseurs qui avaient cru pouvoir en tirer bon parti, ce sont là plutôt armes de défense personnelle, qu'armes de chasse. Conçues et imaginées pour le service de la guerre, elles

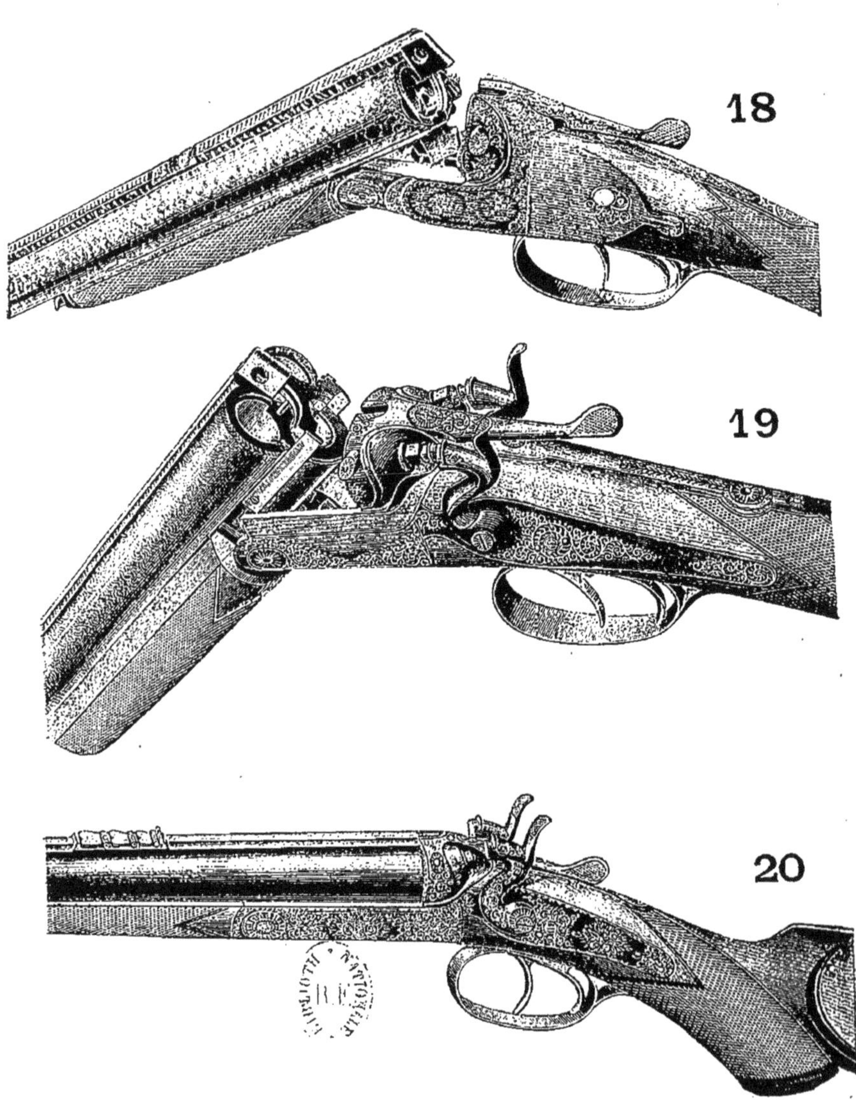

BIBLIOTH. NATIONALE R.F.

se prêtent mal, par leur conformation, à l'épaulement rapide et précis nécessaire pour aborder de front les fauves asiatiques et africains qu'il faut foudroyer, sous peine de catastrophe ! Quant au tir sur un gibier fuyant, leur construction, leurs formes rudimentaires s'y opposent absolument. Il est de fait, qu'il n'est venu à l'idée de personne, en Europe, de s'armer d'un Winchester ou d'un Colt pour chasser le loup, le sanglier, le cerf et tout le gros gibier qui nécessite l'emploi d'une balle. Quoi qu'il en soit, nous sommes en situation de procurer à notre clientèle tous les modèles américains, aux conditions les plus avantageuses, que nous nous empresserons d'indiquer lorsqu'on nous les demandera.

Nomenclature, description, prix des armes rayées de chasse.

Voir photogravure, page 34 bis.

Nous devrions, pour suivre l'ordre de présentation que nous venons d'établir, commencer nos descriptions par celle des fusils doubles de chasse, transformés en carabines par la seule adaptation d'un canon rayé. Mais puisque toutes ces armes peuvent recevoir et tirer nos projectiles à pointe d'acier, nos balles explosibles, qui constituent la munition rationnelle de nos très gros rifles des calibres 8 et 4, lesquels terminent et couronnent, pour ainsi dire, par leur puissance exceptionnelle, toute la série des carabines de chasse, nous renvoyons à la fin de ce chapitre, nos explications à ce sujet.

Notre n° **17** est une arme précieuse entre les mains d'un chasseur en montagne en raison de sa solidité et de la rusticité de son mécanisme que l'on peut démonter et remonter sans outil. Cette carabine tire la même cartouche que le fusil Lebel si connu et possède les qualités extraordinaires de cette arme de guerre, sous le rapport de la tension de la trajectoire, de la vitesse initiale, de la portée, de la pénétration, mérites qui concourent à lui assurer la plus grande précision. C'est le petit projectile blindé, la balle recouverte d'une chemise en métal dur — acier, cuivre, maillechort, etc. — et le canon, approprié comme calibre et rayure, qui constituent la base de cette supériorité. Nous mettons à la disposition des explorateurs et des chasseurs d'antilopes, chamois, isards, gazelles, mouflons, une arme légère, portative, d'entretien facile, utilisant une munition à la poudre sans fumée avec balle blindée c'est-à-dire douée d'une portée extraordinaire et d'une précision absolue. — La balle en plomb est à prohiber. Prix : 225 francs (1).

Notre n° **18** est une MERVEILLE. Nous ne mâchons pas le mot ! Ce mot qui caractérise l'appréciation de tous nos clients acquéreurs de ce modèle, se trouve reproduit dans toutes leurs lettres.

Merveille comme conception, merveille comme exécution, merveille comme précision, puissance, utilité, résultats obtenus.

Rappelons ce que nous en avons dit un peu plus haut : c'est une petite arme à trois canons qui ne pèse pas davantage qu'un fusil double ordinaire de calibre 12. Elle met à la disposition du tireur, le même canon double 12, doué d'une puissance supérieure comme portée, groupement, pénétration, car notre *choke* donne 10 à 15 pour 100 en cible de plus que le meilleur *pigeon-gun*, et en outre, tient toujours en réserve une balle qui va droit au but ! Qu'on en juge par cet extrait d'une lettre choisie entre toutes, parce qu'elle est plus que probante :

« Votre nouveau fusil hammerless à trois coups, dont l'un de 6 millimètres, est réellement une arme extraordinaire par la conception de son système de percussion et par l'étonnante précision de son canon rayé.

« Vous dites que ce canon porte la balle *comme avec la main ;* vous avez raison de le dire et vous avez le droit de le dire.

« Nous l'avons essayé sur des arbres pris comme cible à des distances variant de 80 à 100 mètres. C'est à peine si nous pouvions découvrir sous l'écorce l'entrée du projectile — il est si

(1) Pour accessoires et munitions, voir page 84.

petit! — Mais ce passage rencontré à l'endroit visé, nous n'avons jamais pu retrouver la balle, la pénétration extraordinaire s'y opposant absolument.

« La première balle tirée nous a stupéfaits. Un morceau de papier a été placé contre un arbre à 80 mètres environ ; ne connaissant pas le réglage, j'ai prévenu mes amis que je viserais le bas du papier comme cela se fait habituellement en pareil cas. La balle, tirée à genou, avec toute l'attention possible, a découpé une parcelle du papier exactement au point visé. Un hanneton aurait été touché. C'est merveilleux, tout simplement. »

Tous nos modèles n° 18 sont réglés de la même façon, nous le garantissons, comme nous garantissons le tir supérieur des deux canons à plomb.

Faut-il insister sur les satisfactions que procure à un chasseur une arme légère, d'un maniement facile, d'une puissance incomparable qui obéit « au doigt et à l'œil », c'est le cas de le dire et qui, instantanément, peut tirer l'un ou l'autre des trois coups.

Et pourtant, il n'y a que deux détentes, comme dans tout fusil double, lesquelles actionnent l'un ou l'autre canon à plomb, selon l'ordinaire; mais chacune des détentes peut décocher le coup du canon rayé; il n'y a qu'à dégager le cran de sûreté par un simple mouvement du pouce, sans quitter l'arme de l'épaule si l'on veut, pour lancer la balle, soit la 1re, ou la 2e, ou la 3e, avec n'importe quelle détente.

C'est ainsi que se produisent, grâce à l'extrême précision de l'arme, ces agréables « coups de longueur » dont nous avons parlé.

Le mécanisme, on s'en doute bien, est à part lui, une merveille comme le reste. Nous défions qu'on nous montre pareille chose et si admirablement exécutée.

Parlons des calibres du canon rayé : nous en avons deux.

Le 6 millimètres, à balle blindée et poudre pyroxylée, dont la cartouche, à dimensions exactes, est figurée sous le n° 24, page 38 bis. C'est la munition à préférer pour le tir du petit gibier, jusqu'au renard, au chevreuil inclusivement, jusqu'à 200 mètres.

Et le calibre 25/25 dont la longue cartouche, n° 23, triple presque la puissance de projection de la balle — elle-même plus lourde et d'un calibre un peu supérieur (7 mill.) — développant ainsi beaucoup la portée, la pénétration et les effets d'un projectile irrésistible.

Nous livrons le modèle n° 18 « Élite », c'est-à-dire à l'usage des poudres pyroxylées, avec le troisième canon à l'un ou l'autre des deux calibres ci-dessus. Prix n° 18 A, **1 250** fr., n° 18 B, **1 000** fr. (1).

N° **19**, c'est la même arme, mais à chiens, et non pas hammerless. Voir photogravure, page 34 bis. Elle est de notre type « Correct », c'est-à-dire construite pour l'emploi exclusif de la poudre noire, et du système top-lever à triple verrou comme le n° 18. Ce modèle peut être établi au calibre 16, aussi bien qu'au calibre 12, pour le tir à plomb. Son canon rayé peut tirer, selon qu'on le préfère, le 44 américain, soit un gros projectile en plomb, (voir la cartouche n° 26 dessinée page 38 bis), avec lequel on a raison d'un sanglier à bonne portée, ou la très forte cartouche du calibre 40/82 américain, dessinée sous le n° 25, page 38 bis, munition très sérieuse et foudroyante pour les gros animaux.

Comme précision, bonne construction, supériorité d'exécution, le n° 19 est l'équivalent du n° 18. Prix : n° 19 A, **600** fr. ; n° 19 B, **500** fr. (1).

L'Express-Rifle, grâce au perfectionnement constant des munitions qu'il peut utiliser, est devenu l'instrument exterminateur par excellence, pour la chasse des petits et grands fauves, à courtes et longues distances.

Le fait est d'une telle notoriété que nous n'avons pas à nous appesantir sur ce point. Répétons seulement ce que nous disons depuis vingt-cinq ans : « L'express-rifle doit être construit avec le plus grand soin et surtout parfaitement réglé, car son extrême précision en fait tout le mérite. »

(1) Accessoires et munitions, voir page 84.

23

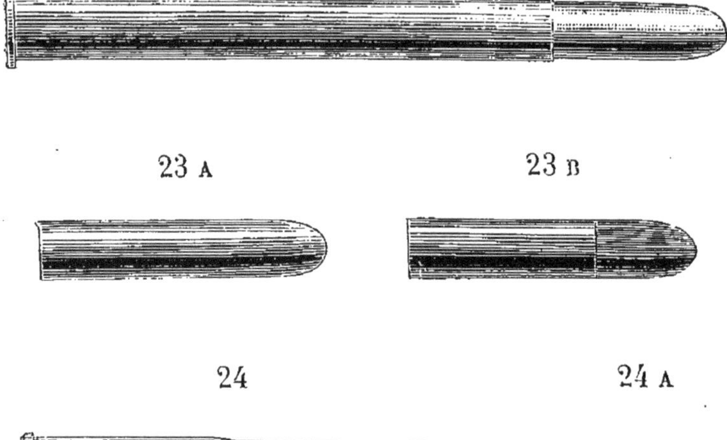

23 A

23 B

24

24 A

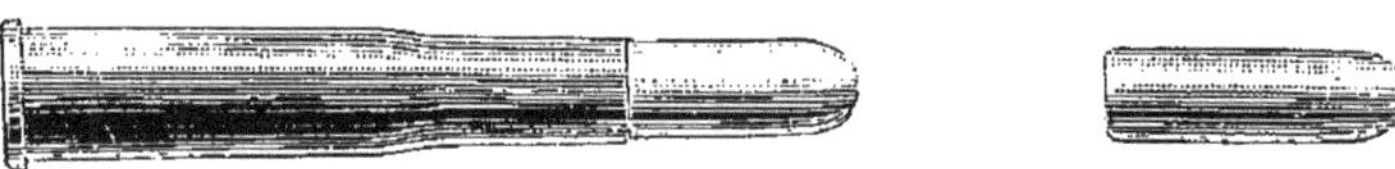

25

26

BIBLIOTHÈQUE NATIONALE R.F.

On admettra facilement que nous devons savoir assembler et dresser deux canons, puisque notre modèle n° 18 avec ses trois canons est la « merveille » que nous avons dite. Au surplus, voici le témoignage public que nous a décerné il y a plusieurs années déjà, M. Foa, notre compatriote, célèbre explorateur-chasseur, dans un bel ouvrage illustré : *Mes grandes chasses dans l'Afrique centrale* (Firmin-Didot, édit.).

« Quelques jours avant mon départ, je m'étais fait mettre en relations, à Londres, avec un Anglais, M. T., qui revenait de l'Afrique australe et avait, disait-on, beaucoup chassé là-bas. Je désirais obtenir de lui des renseignements précis au sujet des armes à emporter, des munitions nécessaires.

« M. T. me donna gracieusement toutes les explications en son pouvoir et ce fut d'après ses conseils, joints à une foule d'indications récoltées de toutes parts, que j'achetai mon équipement.

« Avant d'entreprendre un voyage d'aussi longue durée et des chasses peut-être périlleuses, je devais veiller à mon armement avec un soin tout particulier. M. Galand, dont je suis le client depuis bientôt douze ans, voulut bien se charger de m'exécuter sur des mesures spéciales en ce qui concerne la longueur des crosses et des armes, leur poids, leur portée et leur réglage, des carabines rayées, doubles, dont je n'ai eu qu'à me féliciter :

« 1° Un express-rifle (calibre 577) d'une puissance et d'une solidité peu communes, d'une précision telle que, à l'essai sur chevalet fixe, ses balles se couvraient les unes les autres à 100 mètres. Cette arme a tué les neuf dixièmes des pièces que j'ai inscrites au tableau dans mes trois années de courses et elle est aujourd'hui l'objet auquel je tiens le plus au monde. 2° Une carabine rayée, double, calibre 12, plus courte, ayant moins de portée, mais lançant une balle à pointe d'acier à laquelle rien n'a jamais résisté, comme on le verra lorsque je raconterai ses effets dans le crâne épais de l'hippopotame ; 3° Une carabine rayée, double, du calibre 8, pour les géants des forêts, comme le rhinocéros et l'éléphant. D'une solidité et d'une résistance exceptionnelles, mais d'un poids proportionné, cet engin qui est, en somme, un petit canon, a tué quelquefois d'un seul coup un de ces gigantesques pachydermes.

« Ces armes, l'express surtout, m'ont donné de tels résultats, une telle satisfaction, que j'en ai été émerveillé et que j'ai plus d'une fois, du fond des forêts, adressé à M. Galand les remerciements que je lui renouvelle ici... »

Nous promettons et garantissons formellement à tous nos clients, une égale satisfaction et abordons sans plus tarder, la description des différents modèles que nous mettons à leur disposition.

Nous nous sommes borné à reproduire, par la photogravure, page 34 bis, un express-rifle à chiens, plutôt pour donner une idée des crosses spéciales de cette nature d'arme que pour renseigner les acquéreurs sur les différences de systèmes. Ces acquéreurs sont, naturellement, des chasseurs très expérimentés et auxquels il n'y a rien à apprendre.

Ils sauront comprendre jusqu'aux moindres détails l'exposé qui va suivre.

Nomenclature, description, prix des express-rifles.

Sous le n° **20,** nous fabriquons un express à chiens, dont nous n'avons plus à rappeler la supériorité, pour l'emploi des cartouches chargées à poudre noire des calibres anglais 450 et 500, munitions que nous dessinons à leurs dimensions exactes sous les n° 27 et 29, page 40 bis. Nos lecteurs savent que l'express du calibre 450 est relativement le plus léger, ce que recherchent les chasseurs qui savent ne devoir rencontrer que des animaux à la peau tendre, fuyards et coureurs, sans excepter toutefois le sanglier d'Afrique dont le projectile évidé de ce calibre a toujours raison. Ils n'ignorent pas davantage que l'express 500, nécessairement plus étoffé, est un peu moins léger — nous ne disons pas plus lourd — et que c'est un modèle offrant plus de ressources contre les fauves dangereux, agressifs, en raison du plus gros volume de son projectile qui détermine une commotion plus forte et un épanchement de sang plus grand. Prix : **600** fr.

Notre n° **21** est le même modèle plus gros, plus renforcé, plus lourd, qui tire la plus forte charge, la plus sérieuse de toutes les

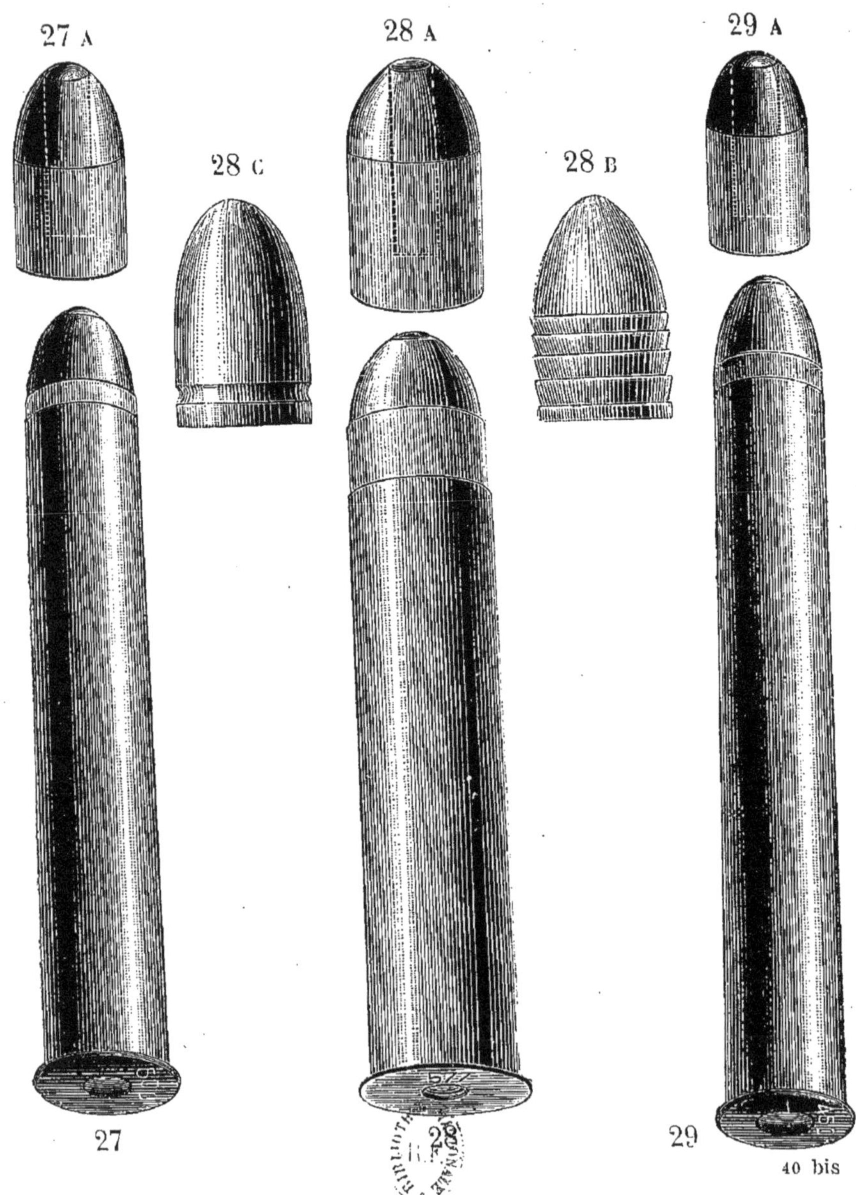

40 bis

munitions pour express, c'est-à-dire la cartouche du calibre anglais 577, à poudre noire : nous dessinons cette cartouche telle quelle, page 40 bis, sous le n° 28 et reproduisons également les trois projectiles qu'elle peut recevoir : A, balle express évidée dont l'on connaît les ravages dans le corps des animaux à peau tendre ; B, balle pleine en plomb ; C, nouvelle balle blindée (toute recouverte de métal). D'après les renseignements que nous avons obtenus de chasseurs qui ont utilisé ces trois projectiles, le premier suffit à tout, pourvu qu'il puisse entrer, c'est dire qu'il est inefficace pour la chasse aux pachydermes. Le deuxième est à préférer lorsqu'on attaque de loin ; le troisième entre partout et foudroie l'éléphant comme l'alligator ou le caïman. Prix : **800** fr.

Quant à notre n° **22**, c'est la même arme épaisse, robuste et d'autant plus solide qu'elle supporte la quatrième épreuve à la poudre pyroxylée, ce qui permet d'employer des munitions chargées de cet explosif, sans plus de crainte que des cartouches à la poudre noire. C'est, en outre, un modèle **hammerless** perfectionné au même titre que nos fusils « Élite », avec batteries à doubles gâchettes de sûreté. En un mot, notre n° 22 est une arme sans rivale, du calibre 577, comme la précédente. Prix : **900** fr.

Accessoires et Munitions, voir page 85.

Fusils-carabinés et gros rifles simples et doubles.

On a pu lire plus haut — page 39 — ce que raconte M. Foa, de la carabine double, rayée, du calibre 12, que nous lui avons fabriquée, et les effets non moins sûrs que terribles de notre balle à pointe d'acier qui perfore le crâne des hippopotames. Ce qu'il dit de notre carabine double du calibre 8 n'est pas moins probant quant à l'efficacité de ces armes énormes — que l'on fait porter par un nègre, bien entendu — contre les animaux géants des forêts africaines.

Toutes proportions gardées, ces armes peu compliquées et qui ne sont, en somme, que des fusils rayés, sont les moins chères de toutes, et demeurent les plus avantageuses.

C'est ainsi que tous nos modèles de fusils calibre 12, peuvent être fabriqués comme carabines rayées, guidonnées, archi-précises, moyennant un supplément de 50 fr. Tous nos modèles, en calibre 10, moyennant un supplément de 100 fr.

Le même supplément s'ajouterait au prix d'un canon rayé de rechange, s'adaptant sur la crosse d'un fusil. Voir page 24.

Nous fabriquons à T anglais double grip, tout spécialement, les très gros calibres comme le 8 et le 4 ; ce sont là les « petits canons » de M. Foa !

N° **30.** — Gros rifle double calibre 8. Prix : **600** fr.

N° **31.** — Gros rifle à un coup, calibre 4. Prix : **450** fr.

N° **32.** — Gros rifle double calibre 4. Prix : **650** fr.

Toutes ces armes, des calibres 12, 10, 8 et 4 peuvent tirer des balles en plomb, ou bien des balles pleines avec pointe d'acier, ou encore des balles explosibles et à pointe d'acier. Le même moule se prête à la fonte de ces trois natures de projectiles. Nous fournissons des pointes d'acier et des amorces — voir les dessins ci-dessous — et partout, en toutes circonstances, en un instant, on peut fabriquer soi-même les munitions selon qu'on les veut plus ou moins destructives. — *Pour le prix des accessoires, voir page* 85 :

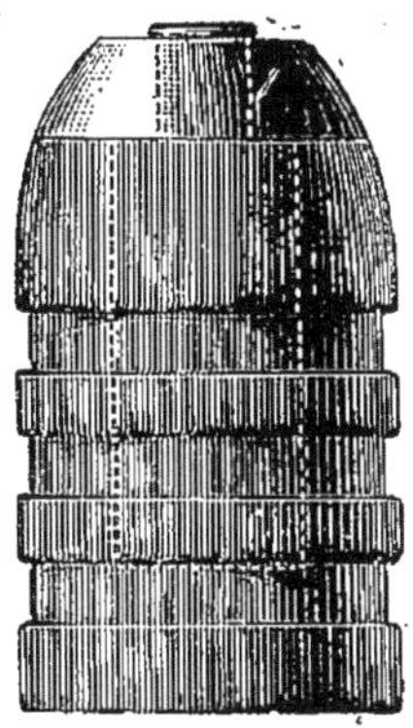

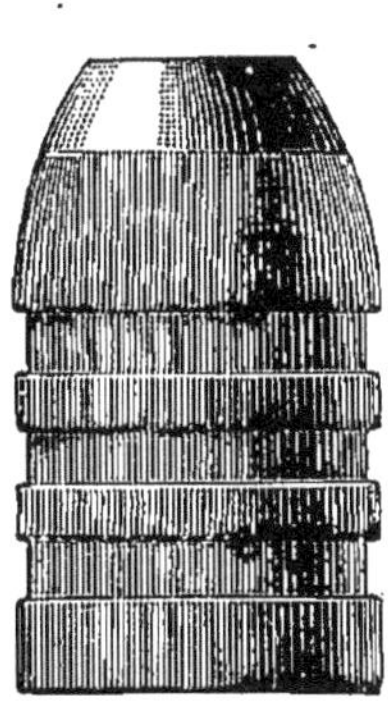

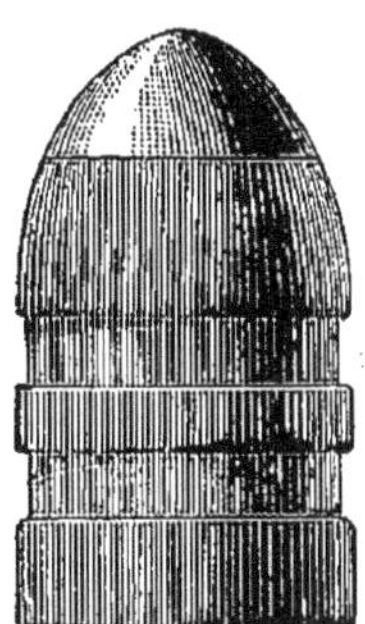

ARMES DE TIR

Modèles d'étude, de cadet, de stand.

CARABINES
ET PISTOLETS DE PRÉCISION

ARMES DE TIR

S'il est encore quelque chasseur qu'il faille guider dans le choix d'un fusil à sa convenance, il n'est plus un seul tireur qui croie devoir réclamer de conseils pour l'acquisition d'une carabine.

C'est que le *tir à la carabine* est, avec ses » matchs », ses « records », ses « champions », un sport passionnant dont tous les adeptes sont expérimentés. Pour avoir participé à maints concours, les tireurs connaissent les bons modèles, les armes infaillibles, les marques indiscutables. Ne leur offrez pas une belle pièce, quelque soignée qu'en soit la facture, si elle n'est pas signée par un fabricant de haute réputation dans leur monde; ils la repousseraient, pour lui préférer une arme à l'apparence fruste, mais dont le canon et la batterie portent l'empreinte du nom de leur armurier d'élection.

Ils savent à quel artiste ils doivent s'adresser pour obtenir sûrement une carabine de véritable précision, au tir régulier, mathématique, sans défaillance et dont le mécanisme solide et de facile entretien leur procure un *décocher* sensible, toujours égal, tout en n'offrant aucun danger.

La supériorité réelle d'une arme de tir ne réside pas seulement dans son extrême précision, elle résulte de la parfaite coordination de sa construction, du fini de ses appareils de guidonnage, et surtout de la perfection de sa batterie. Celle-ci ne saurait être telle « qu'en soufflant sur la détente, on fit partir le chien par la seule force de son souffle », comme l'explique plaisamment Alexandre Dumas dans ses inoubliables *Impressions de Voyage en Suisse*, car le coup pourrait s'échapper inopportunément ainsi qu'il lui est arrivé, et un malheur en être la regrettable conséquence. D'un autre côté, il ne faut pas que la détente soit *dure* au point de faire dévier le canon par suite d'un effort de traction.

33

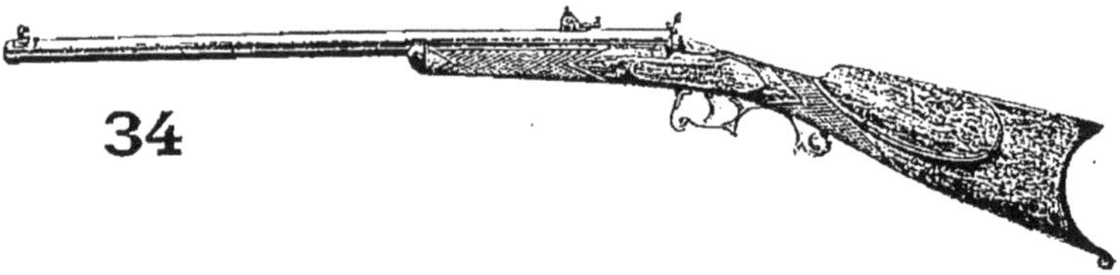

34

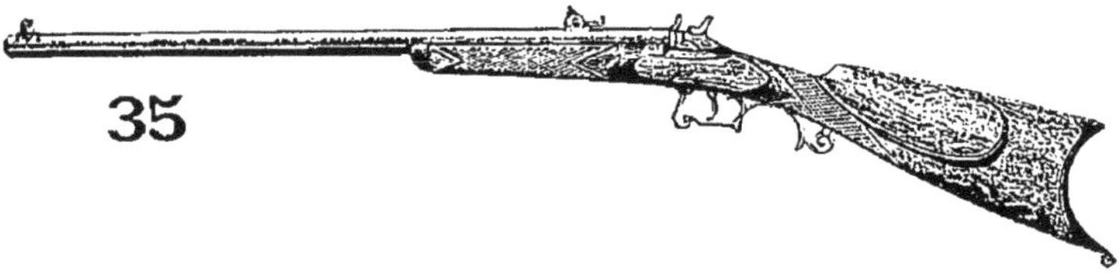

35

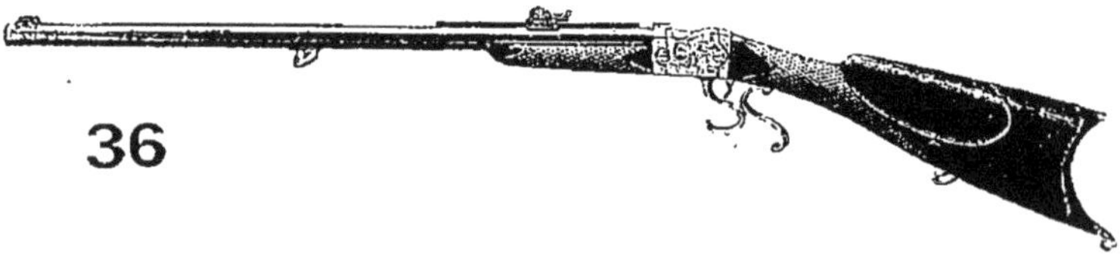

36

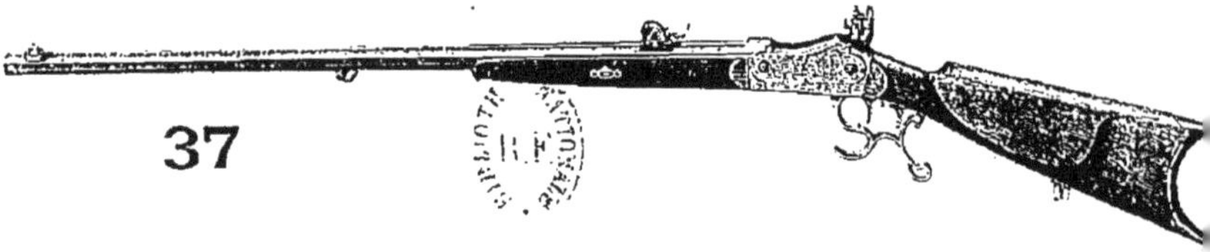

37

BIBLIOTH NATIONALE R.F.

« Il faut ce qu'il faut », comme l'on dit, et chaque tireur sait fort bien l'exact degré de sensibilité d'un bon *départ*.

Nous en avons donc fini de donner des conseils aux tireurs, comme nous l'avons fait pendant vingt-cinq ans, ils n'en ont plus besoin. Pourtant, disons que nous avons été, en quelque sorte, forcé de rééditer les chapitres de l'Album-Galand, dans lesquels, durant de longues années, nous avons accumulé instructions, conseils et appréciations sur le tir, les tireurs, les armes de tir. C'est notre jeune clientèle qui nous a réclamé la réimpression des nombreuses pages où leurs aînés ont puisé les principes qui ont fait d'eux des maîtres.

Nous en avons fait un opuscule que nous vendons 1 franc, mais que nous sommes trop heureux d'offrir gratuitement à nos clients. La lecture de cette brochure, si elle ne fait que confirmer les bonnes habitudes des initiés, ne manquera pas d'instruire les débutants.

Notre fabrication est jugée ; nos carabines sont dans les mains de tout tireur sérieux. Leur réputation n'est pas seulement européenne ; c'est par milliers que nous expédions nos armes d'étude et de cadet au delà des mers. Nos confrères — les fabricants — sont nos tributaires et doivent nous demander des carabines signées Galand. Ceux-là mêmes qui ont des comptoirs à l'étranger où ils écoulent facilement les produits de leur propre fabrication sont forcés de recourir à nous pour les carabines de précision : on veut la marque Galand, et pas autre chose.

Cela se comprend de reste. Lorsqu'on sait l'extraordinaire précision de l'arme à trois canons que nous avons fait connaître plus haut sous le nº 18, page 36, et la non moins étonnante justesse de nos express-rifles doubles dont se sert M. Foa, — voir page 39, il n'y a rien qui puisse étonner lorsque nous affirmons que nos carabines de tir, avec leur canon unique, sont des armes incomparables.

Et nous les garantissons incomparables, sous tous les rapports.

Nomenclature, description, prix des carabines de tir de précision.

Voir photogravures, page 44 bis.

Armes d'étude. — On sait, surtout si l'on a lu notre petite brochure : *Le tir, les tireurs, les armes de tir*, que la seule arme d'étude est la très bonne, très précise carabine du calibre de 6 mill., pour le tir de 12 à 25 mètres. Nous avons fait photograver page 44 bis, les quatre bons modèles n° 33, 34, 35, 36, que nous allons décrire.

N° **33**. — C'est un nouveau modèle « pas cher » ; une arme rayée, d'une précision accomplie, réglée à 12 mètres, du prix de **trente-huit francs !**

Il y a eu de grands efforts à faire avant d'en arriver à un prix si extraordinairement bas pour une arme de précision garantie, car une telle arme à toujours coûté fort cher, à cause des difficultés que présente une bonne exécution.

Cette carabine rayée, perfectionnée, du genre Flobert, a le chien plein sans griffe ni aucune saillie fragile ; la crête, ployée, démasque toujours la ligne de mire ; ce chien frappe régulièrement et puissamment le culot de la douille, ce qui rend les ratés impossibles. La tranche du canon est plate, ce qui facilite l'introduction de la capsule dans la chambre et préserve le tonnerre de tout danger d'écrasement, de refoulement, ou altération quelconque.

L'extraction de la capsule vide, après le tir, s'obtient le plus facilement du monde au moyen d'un extracteur à charnière.

Dans un but d'économie, cette arme est construite pour l'emploi exclusif des amorces Flobert ordinaires. Ces amorces suffisent pour donner un tir régulier. Sans contredit, elles sont inférieures aux amorces du système Bosquette ; mais celles-ci, un peu plus grosses, un peu plus fortes de calibre et coûtant plus cher, sont réservées pour les armes plus lourdes, plus soignées et d'un prix plus élevé. Prix : n° 33 A, **38** fr.

N° 33 B. — **Même modèle supérieur**. Il s'agit ici d'une carabine soignée dans tous ses détails, finie à l'anglaise, avec visière à curseur et guidon perfectionné. Cette arme est calibrée, rayée et chambrée pour l'emploi exclusif des amorces système Bosquette à double culot. Prix : n° 33 B : **50** fr.

N° **34**. — Ce qui établit une différence de prix entre les types précédents et les carabines de grand style que nous établissons comme *modèles de concours*, sous les n° 34 A, 34 B, 34 C, et aussi sous les n° 35 et 36, c'est que celles-ci sont construites selon toutes les règles de l'art, avec tous les perfectionnements suggérés par l'expérience. Ainsi : canon long, étoffé, lourd, visière à glissière sur la bande du canon et à curseur se graduant à volonté ; guidon mobile de droite à gauche et vice-versa, avec ou sans marques indicatives de réglage ; bois nourri, de belle qualité et quadrillé à la poignée, pour assurer la main ; sous-garde avec arrière-volute, procurant plus de fixité ; plaque de couche cintrée, s'adaptant bien à l'épaule ; finissage soigné, revu, repassé, selon que le comporte le prix : tels sont les mérites particuliers qui distinguent entre elles les armes plus ou moins fines et supérieures.

Dans l'acquisition d'une carabine de tir, l'économie est un tort ; lorsqu'on le peut, on doit sans hésiter y mettre le plus haut prix. Indépendamment de la satisfaction intime que procure la possession d'une arme belle, irréprochable, chef-d'œuvre du genre, on ne se trouve exposé à aucun mécompte, on est équipé pour longtemps, pour toujours ; et, à dire vrai, on se voit en état de lutter avantageusement, dans les concours, contre les tireurs moins bien armés.

C'est par centaines que nous avons vu les sociétés de tir qui, dans l'ignorance du début, s'étaient laissé livrer de mauvaises armes, s'adresser à nous pour obtenir nos excellentes carabines. On en prenait une, d'abord, puis chaque sociétaire, envieux de posséder le moyen de faire le *maximum*, finissait par faire l'acquisition personnelle d'un de nos meilleurs modèles.

Nous pourrions citer en foule, les exemples de tireurs qui, s'étant laissé éblouir par une différence de *dix francs*, s'en sont si mal trouvés, qu'ils ont dû sacrifier la dépense faite, abandonner leurs armes, et s'empresser de nous demander nos carabines, « *avec lesquelles, au moins*, disaient-ils, *on est sûr de son affaire* ».

Les meilleures carabines sont toujours lourdes; le poids de l'arme contribue beaucoup à établir le parfait équilibre du tireur et à lui procurer un pointage ferme, sans vacillation du canon.

Toutefois, il est des tireurs qui, pour cause de faiblesse physique ou pour toute autre raison, préfèrent des carabines allégées. Lorsque des commandes nous parviennent avec prescription d'avoir à ne pas dépasser un poids fixe, nous établissons volontiers des armes perfectionnées remplissant cette condition.

N° 34 A. — **Carabine de concours,** MODÈLE *Parisienne*. Arme du calibre de 6 millimètres, rayée et réglée pour le *tir de précision, de 12 à 30 mètres*. Visière suisse à curseur et guidon mobile. Platine spéciale, pontet rond, canon long et très étoffé; crosse quadrillée, sous-garde avec arrière-volute; plaque anglaise, poids 3 kil.; longueur totale, 1 m. 10. Prix : **80** fr.

N° 34 B. — **Même modèle**, avec plaque cintrée comme le montre la figure 34, page 44 bis. Prix : **85** fr.

N° 34 C. — **Modèle supérieur,** à gros canon, avec surbande formant glissière pour la hausse, arme exceptionnelle du poids de 3 kilogr. 900 gr., construite avec tous les perfectionnements imaginables et les soins les plus minutieux; canon de 65 cent., longueur totale, 1 m. 10 cent.; nouvelle visière à clef de pendule, guidon mobile à double glissière avec contreforts de protection, marques indicatives incrustées en or, bois à joue et plaque cintrée, etc.; en un mot, le comble de la perfection. Prix : **115** fr.

Ce modèle supérieur nous est parfois demandé à *double détente*, il en résulte un supplément de prix de 10 fr. — L'adjonction d'un vernier-lunette comme celui que porte le dessin n° 37, coûte 20 fr.

Ces trois modèles sont chambrés pour l'usage exclusif de l'amorce système Bosquette, à *double culot*, avec laquelle on obtient un tir parfait et un fonctionnement très régulier.

N° **35**. — Il nous avait été souvent réclamé un modèle pourvu de tous les perfectionnements dont avaient profité les armes de plus fort calibre ; ce modèle n'existant pas, nous l'avons créé en modifiant le Remington et le dotant des qualités qui lui manquaient.

Nous avons, notamment, appliqué à ce système, pourvu d'une solide culasse, la batterie à *languette*, qui lui procure un *départ* aussi doux que celui des carabines à *double détente*, sans exclure un sérieux cran de sûreté où se place le chien pour l'ouverture et la fermeture de la culasse. Nous l'avons doté, comme le n° 34 C, d'un canon avec bande sur laquelle la visière, à glissière, s'éloigne ou se rapproche de l'œil du tireur, selon les nécessités du pointage et les conditions d'optique où il se trouve placé par rapport à la cible. Le cran de la visière est également à glissière, — de droite à gauche et réciproquement, — ce qui en facilite le réglage dans tous les sens.

Cette arme exceptionnelle, traitée avec tous les raffinements possibles, nous l'établissons, au gré du tireur, pour l'emploi exclusif des amorces système Bosquette, double culot, pour le tir des concours de 12 à 30 mètres ; ou bien pour l'utilisation possible des cartouches américaines calibre 22 courtes, du calibre 6 mill., qui procurent un tir étonnant de précision bien au delà de 50 mètres. Ce modèle peut, dès lors, *ad libitum*, utiliser la cartouche américaine courte ou l'amorce système Bosquette, à double culot.

Enfin, ce type existe encore au calibre de 9 mill. et, comme tel, n'a pas de rival pour le tir des amorces Flobert à balle conique, chargées à poudre, aux distances réglementaires des concours à la cible pour armes de cette catégorie.

N° 35 A. — **Modèle extra,** des calibres de 6 ou de 9 mill. du poids de 4 kilogr. et mesurant 1 m. 10. Prix : **140** fr. — A double détente, 150 fr. — Avec vernier-lunette, 20 fr. de supplément.

N° 35 B. — **Même modèle à bon marché.**

Sa solidité est remarquable, sa précision garantie et, selon les désirs du tireur, nous l'établissons pour le tir des amorces système Bosquette de 6 mill. ou des amorces de 9 mill. à balle

4

conique, chargées à poudre. Cette arme est pourvue, comme le modèle extra, d'une batterie à *languette*, et dotée d'une visière à curseur et d'un guidon perfectionné; le modèle 6 mill. pèse 2 kilogr. 200 gr.; le 9 mill., 2 kilogr. Prix unique : **70** fr.

Ce même modèle de carabine, établi dans la forme d'un petit fusil Flobert, à un coup, avec canon lisse pour tir à plombs ou à balle ronde, coûte 55 fr. (*Voir* nº 50, page 74 bis.)

Nº **36**. — Nous devons à l'insistance acharnée des membres d'une société de tir parisienne de nous être décidé à convertir en carabine de concours du calibre 6 mill., notre modèle bien connu sous le nom de **Carabine Galand se démontant sans outil,** que nous n'avions jamais fabriqué qu'en arme de cadet et en modèle de stand. Ce sera parfait, nous disait-on et incomparable comme arme d'étude et de concours de 12 à 30 mètres. « C'est un service à rendre aux tireurs. »

Nous sommes heureux d'avoir cédé à de si amicales objurgations, car nous avons ainsi créé un modèle qui, dès le premier jour, a obtenu le plus vif succès.

La carabine Galand, tous les tireurs le savent, est une arme du genre Martini, mais ce n'est pas le Martini. Le mécanisme en est tout différent, il est de toute solidité et peut se démonter à la main, sans autre outil qu'un tournevis. Il suffit, comme pour notre revolver de guerre, d'ôter la plaque de recouvrement fixée par deux vis sur le côté gauche de la boîte de culasse, pour mettre à découvert toute la batterie, dont les pièces s'enlèvent et se replacent avec la plus grande facilité.

Le seul examen de notre dessin, page 44 bis, fait comprendre quel avantage il y a pour un tireur de pouvoir supporter l'arme de la main gauche par la sous-volute du pontet.

C'est nº 36 A, que nous appelons cette carabine de concours et modèle *extra* que nous la qualifions, car elle est dotée de tous les perfectionnements énumérés par nous dans la description des nº 34 C et 35 A et possède le maximum des qualités que nous avons signalées en tête de ce chapitre, page 47. Comme le nº 35 A, elle peut tirer des amorces système Bosquette de 6 mill. à double culot et des cartouches américaines cal. 22, courtes. Prix : **175** fr.

Carabine de Cadet. — N° **36** B. — On appelle ainsi, qui ne le sait, une arme tirant avec précision à la distance de 100 à 200 mètres et qui sert à confirmer les bonnes dispositions des jeunes tireurs passés maîtres au tir de la carabine d'étude. Lorsque, après avoir acquis assez d'adresse pour toucher régulièrement à 12 mètres la mouche du diamètre de 1 centimètre, ils s'exercent, avec l'arme de cadet, au tir à 100 mètres et y obtiennent le même succès sur un carton de 10 à 15 centimètres, ils peuvent être classés au nombre des meilleurs tireurs; leur éducation est achevée.

Notre carabine de Cadet est le n° 36 B — Elle ne diffère du modèle 36 A, que par le calibre plus gros, qui permet l'utilisation d'une cartouche plus puissante. C'est au calibre de 9 mill. que nous établissons le n° 36 B; sa cartouche réamorçable est dessinée page 26 bis et numérotée 15 A. Prix : **150** fr.

Carabine de stand. — C'est notre n° **37**.

Cette carabine peut être utilisée dans certains concours à l'*arme de guerre*, aussi bien que dans les tirs à l'*arme de précision*. Il suffit de substituer au fer de sous-garde, portant une double détente, une autre sous-garde de rechange avec détente simple; il n'y a pour cela, qu'une vis à enlever. Le guidon est, en ce cas, remplacé par un *guidon de guerre*, et le vernier-lunette est mis de côté. La carabine Galand devient ainsi une véritable arme de guerre, sans rien perdre de sa précision.

Cette précision est complète, absolue, et ne saurait être surpassée.

Comme appareil de visée : vernier-lunette, visière, guidons, il n'est rien de plus pratique ni de plus parfait.

L'entretien de l'arme est rendu des plus faciles par la disposition du mécanisme qui est, tout entier, démontable et remontable sans autre outil qu'un tournevis, nous l'avons dit à propos du n° 36, du même modèle.

Comme élégance, cachet, belle exécution, la carabine Galand ne craint aucune rivalité ; c'est, en un mot, le plus beau et le meilleur type connu parmi les armes de stand.

Comme cartouche, nous avons adopté la munition du Martini, qui, se réamorçant indéfiniment, est la moins coûteuse et donne le plus de satisfaction.

N° 37. — La carabine Galand, avec ses deux sous-gardes interchangeables pour simple et double détentes, et munie d'un vernier-lunette démontable ainsi que d'un guidon de guerre et d'un guidon de tir protégé, coûte **300** fr.

Nota. — *L'adaptation d'anneaux de bretelle, à ces différents modèles de carabines, coûte* 5 *fr. de plus.*

Munitions et accessoires, voir page 86.

INDICATIONS A FOURNIR POUR LES COMMANDES

Page 95 : Expédition, transport, payement.
— 96 : Commande d'un fusil sur mesure.

GALAND, **13**, RUE D'HAUTEVILLE, A PARIS

IMPORTANT. — On nous informe que d'effrontés individus, se disant nos représentants, parcourent la province, l'Algérie et l'étranger, où ils *vendent* et *livrent* des armes défectueuses qu'ils prétendent tenir de la MAISON GALAND et réaliser pour son compte.

Nous n'avons pas de représentants, et *nous livrons toujours directement* ou *nous expédions nous-même, sans intermédiaires,* les armes de notre fabrication.

Nos prétendus représentants sont des imposteurs à signaler à la police. Nous prions nos lecteurs qui seraient l'objet de leurs obsessions de nous en prévenir afin de nous faciliter la répression de leurs agissements frauduleux.

PISTOLETS

DE TIR, DE COMBAT ET DE SALON

Un pistolet de tir ne se comprendrait pas et n'aurait aucune raison d'être s'il n'était de la plus grande précision ; si la rayure, la balle, le guidonnage, n'étaient parfaitement coordonnés ; si la batterie n'était pas excellente, souple, moelleuse, franche au départ.

Pour réaliser toutes ces conditions, il faut des praticiens habiles ; nous nous flattons de posséder dans nos ateliers des maîtres ouvriers pour ce genre de travail, en majeure partie exécuté mécaniquement.

Grâce aux nombreux concours où l'on trouve des cibles affectées au tir du pistolet, cet exercice est aujourd'hui fort suivi.

Le modèle se chargeant par la bouche, le vieux pistolet de combat, qui n'a pas encore, dans les duels, cédé la place aux armes se chargeant par la culasse, cet ancien type de la précision mathématique, tient toujours le premier rang dans les concours. On y est habitué, on le connaît bien, aussi ne le délaisse-t-on pas encore.

Il est probable, pourtant, que les admirables pistolets perfectionnés dont nous allons faire la description lui porteront un rude coup, mais nous ne croyons pas qu'on l'abandonne complètement. Il est plus d'une raison que l'on devine pour qu'on le conserve comme *arme de duel*. Dès lors, comme il faut se faire la main, comme on ne saurait cesser de s'exercer et de « faire des cartons » aussi bien que l'on doit, sans relâche, faire de l'escrime, ce bon vieux pistolet continuera à faire partie de l'arsenal de tout vrai gentleman, et nous le verrons toujours, dans les concours, témoigner de ses hautes qualités en donnant aux tireurs l'occasion de montrer leur adresse.

Modèles de duel. — N° **38** A. — Pistolets canon acier, crosse noyer, quadrillée, sans gravure ; fines platines à languette, finissage anglais, armes rustiques et très précises ; la paire, sans accessoires. Prix : **200** fr.

N° 38 B. — Pistolets canon acier, crosse noyer, quadrillée, bois sculpté ; armes fines, gravées, très soignées ; la paire, sans accessoires. Prix : **250** fr.

Nota. — *Une cassette en palissandre avec moule à balles et tous accessoires coûte* 100 *francs.*

N° 38 C. — Pistolets riches, canon acier, crosse ébène sculptée ; gravure riche, enfermés en cassette magnifique, avec accessoires de luxe ; la paire, **550** fr. — Livrés nus, **400** fr.

N° 38 D. — Avec une artistique incrustation en or, qui en fait de véritables objets d'art, la paire de ces pistolets coûte, en belle cassette de luxe, **700** fr.

Les balles rondes, coulées, *coûtent* 3 francs *le cent.*

Pistolets se chargeant par la culasse.

Notre n° **39** — voir photogravure page 54 bis — est le modèle **Ira Paine,** du nom du célèbre tireur américain qui l'avait adopté. Notre dessin le montre au quart de grandeur nature.

Le système de ce pistolet est à canon basculant ; le bouton que l'on aperçoit près du tonnerre fait partie du verrou de fermeture ; il faut le presser pour dégager le verrou et faire basculer le canon. L'arme reçoit des cartouches métalliques ; un extracteur ramène la douille vide et il suffit de relever le canon pour fermer l'arme, qui se verrouille d'elle-même. La batterie à *languette* permet de donner au décocher une grande sensibilité, laquelle peut encore être augmentée et portée à l'extrême au moyen d'une double détente qui coûte un supplément de 20 francs. Quant à la précision, elle est telle que la cible, que nous reproduisons sur le verso de la couverture, peut seule en donner une idée.

Nous fabriquons ce pistolet à deux calibres différents : Comme arme appelée à figurer dans les *concours au Pistolet de tir*, nous

39

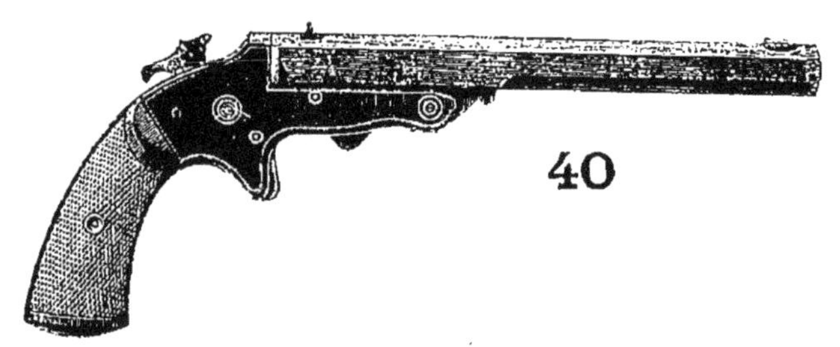

40

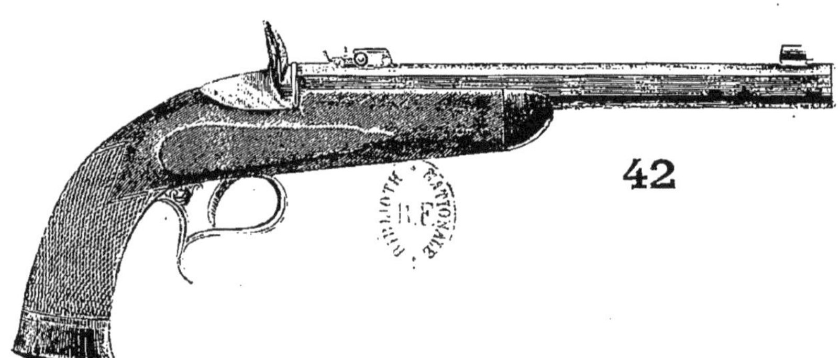

42

BIBLIOTH. NATIONALE R.F.

lui conservons le calibre des anciens modèles se chargeant par la bouche, qui correspond exactement au calibre 44 (Smith et Wesson russe) ; comme arme d'étude pouvant participer *aux concours au Pistolet de salon*, nous l'établissons au calibre de 6 millimètres, pour l'emploi *ad libitum* des meilleures amorces genre Bosquette à double culot et des cartouches américaines, cal. 22 courtes. — Nous avons vu de nombreux clients se féliciter de cet état de choses, qui leur permettait d'enfermer, dans une cassette, deux belles armes bien semblables d'aspect et constituant une splendide paire de pistolets, tout en leur procurant le grand avantage de posséder une arme de tir proprement dite, et une arme d'étude ou de salon, deux chefs-d'œuvre d'exécution et de justesse.

N° 39 A. — Pistolet *Ira Paine* de gros ou de petit calibre, crosse ébène, tout entier bronzé ou nickelé, arme très soignée, de haute précision ; l'un, **90** fr. — La paire, **175** fr.

N° 39 B. — Même modèle, crosse en ivoire, arme splendide ; l'un, **115** fr. — La paire, **225** fr.

Les accessoires et munitions sont catalogués page 86.

Notre n° **40** est le **Pistolet Tranter,** aussi à canon basculant ; pour l'ouvrir, il faut pousser, d'arrière en avant, le bouton placé sous l'arme, devant la détente. Un extracteur sort automatiquement les douilles ou les amorces vides. Ce modèle en raison de son extrême simplicité, de ses dimensions restreintes (28 centimètres) et de son peu de poids (750 grammes) est très recherché en Angleterre.

Nous l'établissons au calibre de 6 millimètres, pour l'emploi *ad libitum* des amorces genre Bosquette à double culot et de la cartouche américaine, calibre 22 courte.

N° 40, Pistolet Tranter, arme très soignée, finie à l'anglaise ; l'un **60** fr. — La paire, **110** fr.

Les munitions et accessoires sont les mêmes que pour le modèle d'étude *ou de* salon *précédent* (*Ira Paine*), *sur lequel nous rappelons l'attention du lecteur.*

Notre n° **41** est un **Pistolet Remington** perfectionné dont le mécanisme a été, comme carabine, dessiné p. 44 bis et décrit sous le n° 35.

Comme cette carabine, il est établi : au calibre de 6 millimètres, pour le tir des amorces genre Bosquette à double culot et des cartouches américaines 22 courtes ; ou bien au calibre de 9 millimètres, pour le tir des amorces Flobert chargées à poudre et à balle conique.

N° 41 A. — Modèle anglais, petit, léger, très élégant dans ses dimensions réduites ; spécimen pour dames et jeunes gens. Prix : **55** fr.

N° 41 B. — Modèle français, formes et dimensions du pistolet de combat, excellente arme d'étude, avec sous-garde à crochet. Prix **60** fr.

Pistolet Flobert, photogravé sous le n° **42,** page 54 bis.

Modèle à extracteur, genre de la carabine décrite sous les nos 33 et 34, page 46, du calibre de 6 millimètres :

N° 42 A. — Arme de tir, supérieurement traitée, pour l'emploi exclusif de l'amorce genre Bosquette double culot, avec laquelle on obtient une précision remarquable. Prix : **50** fr.

N° 42 B. — Arme plus ordinaire, n'utilisant que les amorces Flobert ordinaires. Prix : **28** fr.

Accessoires et munitions pour Pistolets, voir page 86.

Armes d'occasion, excellents modèles d'Hier, liquidés à 20 0/0 de remise sur les tarifs d'hier, voir page 99.

REVOLVERS
DE POCHETTE, DE POCHE ET DE GUERRE

REVOLVER DE CHASSE

REVOLVER DE CONCOURS
(HAUTE PRÉCISION)

REVOLVERS

En France, si quelqu'un s'écriait : Revolver ! l'écho lui répondrait : Galand.

Le nom de Galand s'est à ce point associé au mot de revolver, que, pendant de longues années, beaucoup de gens sont restés persuadés que nous ne fabriquions que cette seule arme ; d'un air entendu, on les entendait répondre chaque fois que dans une conversation on nous nommait : « Galand ? Parfaitement ; le fabricant de revolvers ! »

Il y a plus de trente ans que cette association s'est manifestée, mais c'est à partir de 1870 que l'union s'est faite indissoluble. C'est notre modèle à extracteur, inventé et fabriqué dès 1868 qui nous a valu cette notoriété, à cause de sa grande supériorité sur tous les revolvers de cette époque. Les contemporains se rappellent le succès du revolver Galand, mis au pillage en quelque sorte, et qui s'est enlevé par milliers, en quelques semaines. N'en avait pas qui voulait. La fabrication n'était jamais assez rapide.

Ce succès s'affirma. La Russie adopta ce modèle pour sa marine et son service de douanes et, en peu d'années, plus de 200,000 revolvers Galand se répandirent dans le monde, où ils font encore fort bonne figure, à côté des modèles très perfectionnés que nous avons créés depuis lors.

C'est en 1868, qu'avant tous, le premier, nous inventons le revolver à extracteur. La même année nous produisons le revolver sportsman, à crosse d'épaulement également le premier de ce genre. En 1872, le premier, nous créons le revolver se démontant sans outil qui a servi de modèle aux « inventeurs » de revolvers de guerre. Ultérieurement, nous perfectionnons les modèles de poche et offrons, le premier, ces petites armes sûres, sans porte, sans baguette, sans aspérités, qui constituent le véritable palladium du noctambule. Enfin, après maintes améliorations apportées à la construction du revolver en général, nous voici, une fois de plus, arrivé premier, avec des armes qui s'éloignent autant des revolvers d'HIER, que le fusil Lebel se trouve distancé du Chassepot.

C'est si vrai, que nous liquidons, avec un rabais de 20 pour 100, *tous* les revolvers américains de fabrication authentique, qui sont de vente courante chez tous les armuriers. Nous y sommes d'autant plus enclin que nous savons, de source certaine, que les fabricants américains, vivement émus de la supériorité de nos revolvers à poudre sans fumée, s'emparent de la munition que nous avons créée, pour l'utiliser dans des modèles nouveaux, du genre des nôtres.

Soit! En attendant, à l'interminable kyrielle de revolvers de tous calibres, de toutes formes, dimensions, modèles qui ne se comptent plus, nous substituons TROIS TYPES, aussi puissants, aussi terribles, aussi solides et pratiques l'un que l'autre, mais de taille différente, de dimensions appropriées à trois nécessités :

— *Le revolver pour la pochette du gilet*. C'est notre VELO-DOG, modèle minuscule, arme du bicycliste, du promeneur, des dames, qui foudroie un bœuf avec sa petite balle blindée et met en fuite les chiens hargneux par sa petite cartouche chargée de cendrée.

— *Le revolver de poche*. C'est notre TUE TUE, tout petit revolver rablé, aussi sérieux et non moins utile que le plus redoutable revolver de guerre, puisqu'il tire la même cartouche. Déjà connu, il est apprécié, préféré à tous en raison de la sécurité qu'il offre et de son énorme puissance qui dépasse de beaucoup celle des plus gros modèles américains eux-mêmes.

— *Le revolver de guerre*. Nous en avons deux modèles qui, tous deux, utilisent la même munition : la cartouche officielle militaire française, telle quelle, c'est-à-dire chargée à la poudre noire, ou bien la pareille, chargée à la poudre sans fumée.

Nous décrivons plus loin ces trois nouveaux types, sans rivaux à aucun titre, aussi bien ceux de poche et de pochette que ceux de guerre; il n'en est pas d'aussi sûrs, d'aussi résistants, d'aussi précis, et, sous le rapport de l'efficacité du tir, ils défient tous les revolvers d'hier.

Le manque de place ne nous permet pas de publier les innombrables lettres de satisfaction qui nous ont été adressées. Ainsi que nous le disons ailleurs, c'est par milliers que nous offrons les références les plus positives.

NOUVEAUX REVOLVERS DE POCHE

Les modèles de revolvers sont innombrables ; s'en est-il trouvé un seul vraiment pratique, comme *arme de poche ?*

Ou bien, ils étaient de gros calibre, trop lourds et néanmoins fort peu redoutables.

Ou bien, si leurs dimensions les rendaient portatifs, ils n'avaient plus aucune puissance, aucune efficacité et le porteur, le plus souvent, restait exposé, avec une arme ne faisant ni bruit ni mal, aux coups des malfaiteurs dont l'attaque ne pouvait être neutralisée.

Ou bien encore, la complication du mécanisme, les saillies du chien, de la détente et d'appendices nombreux, étaient la cause d'un perpétuel danger.

Porter certains revolvers, c'était commettre une grave imprudence, et les exemples sont fréquents de gens qui se blessent en sortant de leur poche ces mauvaises armes, dont le chien s'accroche, se bande et retombe.

Depuis le perfectionnement si radical du fusil de guerre (*et celui non moins remarquable que nous venons de réaliser pour les fusils de chasse, renforcés, à canon court*), par l'emploi de la POUDRE SANS FUMÉE et des balles blindées, par la réduction du calibre, le raccourcissement du canon, l'allégement de l'arme, modifications d'où résulte une extraordinaire augmentation de portée, de force, de pénétration, rien n'avait été fait pour améliorer le revolver.

Par routine, on continuait à fabriquer des armes de tous calibres, sans solidité, dangereuses et dépourvues de tout sérieux en tant qu'*armes à feu.*

Comme *revolvers de poche*, notamment, on ne disposait que de modèles sans efficacité, ne pouvant utiliser que de minuscules cartouches insuffisamment chargées et dont la balle ne produisait aucun effet utile.

Se trouvait-on dans l'absolue nécessité de se soustraire aux atteintes d'un agresseur — homme ou bête — à peine parvenait-on à le blesser légèrement, sans jamais **l'arrêter net** dans son élan et le péril que l'on courait restait le même.

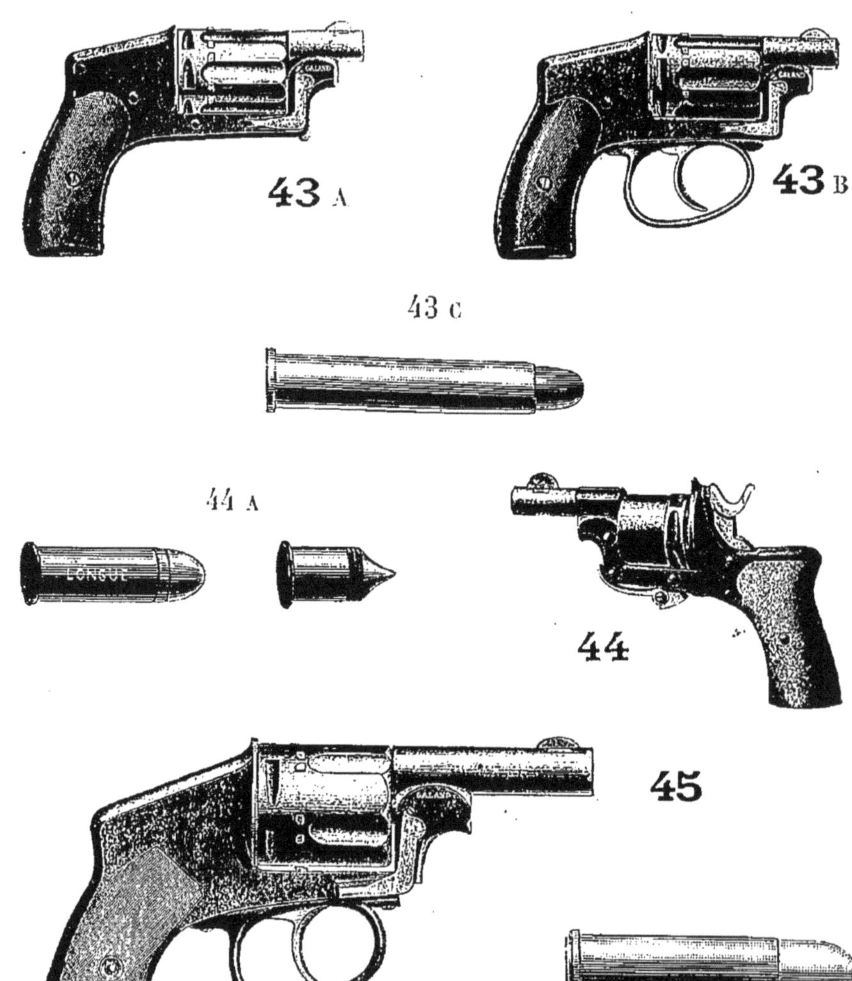

BIBLIOTHÈQUE NATIONALE R.F.

" VELO-DOG REVOLVER " — N° 43.

Pourquoi n'avouerions-nous pas que nous sommes resté stupéfait aux premiers essais de ce gentil joujou. Son énorme puissance nous a déconcerté.

Nous avions d'abord créé le modèle *tue tue* dont nous parlerons tout à l'heure et il nous semblait que c'était là le dernier mot en matière d'arquebuserie, de balistique appliquée au *revolver de poche*.

Mais incité par une foule de nos clients, la plupart bicyclistes, qui nous réclamaient mieux encore; c'est-à-dire plus petit, moins lourd et néanmoins tout aussi efficace, nous avons accompli mieux qu'un tour de force, un comble !

Réduisant toutes les proportions du *tue tue*, en conservant son mécanisme (voir page 65), mais modifiant la cartouche qui s'allonge et demeure chargée de poudre sans fumée, nous avons créé ce pygmée, qui offre tous les avantages, eux-mêmes fort extraordinaires, que procure le *tue tue*. Il est aussi solide; il est hammerless (sans chien); il est bien en main, il n'a aucune aspérité qui puisse le faire détoner involontairement; il présente donc, lui aussi, toute sécurité, et malgré son calibre de 6 millimètres, son poids qui ne dépasse pas 250 grammes, ses dimensions réduites à 0m,10 de longueur, cette arme de pochette de gilet tire des cartouches à *balle blindée* avec la **même force de pénétration** que le *tue tue* et, comme lui, elle reçoit des cartouches à plombs, terreur de la race canine !

Avis aux bicyclistes dont « le chien » est le seul tourment, depuis que les machines dont ils usent sont parfaites, et qu'ils n'ont à redouter la culbute que si quelque malencontreux animal se jette à leurs jambes.

Nous ne résistons pas au désir de relever, parmi les milliers de lettres que nous tenons à la disposition de nos clients, l'amusante expérience que nous signale M. Gladieux de Bohain :

La force de votre petit revolver le Velo-Dog est vraiment *extraordinaire*. J'ai tiré sur des pièces de monnaie en bronze, de cinq centimes, que j'avais collées sur une feuille de carton derrière laquelle j'avais mis nombre d'autres feuilles, le tout appuyé sur une plaque en forte tôle d'acier, ma cible habituelle. Eh bien, à la distance d'une dizaine de mètres, les sous ont été percés comme à l'emporte-pièce. La balle, coiffée du bronze qu'elle enlevait, traversait le paquet de feuilles de carton et s'écrasait sur la plaque de tôle, non sans la meurtrir sérieusement.

Nous fabriquons deux modèles de Velo-Dog : l'un, le n° 43 A, est à détente pliante, sans pontet ; l'autre le n° 43 B, possède un pontet sur la détente fixe. Nous les représentons, page 60 bis, réduits au tiers de leurs dimensions exactes et nous figurons sous le n° 43 C, dans ses proportions vraies, la cartouche à balle blindée, chargée à la poudre sans fumée. **Prix :** Bronzé noir, **50** fr. — Nickelé, **55** fr. — Poignée ivoire ou nacre, gravure, nickelage, argenture ou dorure, **65** à **95** fr. — *Sur demande, ce modèle peut être établi avec chien extérieur.*

Accessoires et munitions, voir page 87.

" REVOLVER MIGNON " Le dessin n° **44**,

de la page 60 bis, représente, au tiers de grandeur, notre ancien petit, très petit revolver de pochette.

De tous les modèles de revolvers que nous fabriquions hier, celui-ci est le seul que nous conservions parce qu'il nous est réclamé par notre clientèle. Il répond encore à certains besoins et il est des personnes qui le préfèrent à tous autres, en raison de son exiguité, de son poids insignifiant (150 grammes) et des usages auxquels on le destine.

Depuis longtemps, il n'est pas de gentleman qui ne porte le *revolver mignon* dans la poche de son gilet et jusqu'ici ce bijou a suffi pour tenir en respect les rôdeurs de nuit qu'un boulevardier attardé est certain de trouver sur son chemin. Sa parfaite exécution, son tir précis et relativement puissant, son bon fonctionnement en font une arme sûre et recherchée. Il possède un cran de sûreté, comme les plus grands modèles et, indépendamment de la forte cartouche américaine à feu annulaire, du calibre 22 qu'il utilise, il reçoit les excellentes amorces à balle du système Bosquette, sorte d'amorces Flobert perfectionnées, au moyen desquelles on peut se livrer à un tir d'étude, dans un appartement, et obtenir un tir de précision sans bruit appréciable, en armant le chien, comme on le fait pour un pistolet.

Le mécanisme est celui du *velo*, du *tue tue* et se trouve décrit, de même que les instructions pour la manœuvre et l'entretien page 65.

Prix : Bronzé, **40** fr. — Nickelé soigné, **45** fr. — Bien gravé, **50** fr. — Avec crosse ivoire et nickelé, **55** fr. — Dito, richement gravé, **60** fr. — Le même doré, modèle élégant pour dames, **70** fr.

Pour accessoires et munitions, consulter page 87.

" tue tue " — N° 45.

Dessin au tiers des dimensions exactes, page 60 bis.

Appliquer à un REVOLVER DE POCHE, une forte cartouche chargée de poudre sans fumée, avec une balle Lebel qui perce une cuirasse, traverse six planches de sapin, peut foudroyer un sanglier ou bien tuer un bœuf frappé en plein front; obtenir ainsi une arme qui possède une puissance bien supérieure à celle du revolver actuellement en usage dans l'armée, — dont il reçoit, d'ailleurs la cartouche officielle, chargée de poudre noire — avec une portée, une force de pénétration plus grande que celle d'une carabine Winchester de même calibre.

Supprimer le chien, la porte, la baguette, tout ce qui, dans une arme de poche, constitue un danger pour le porteur;

Créer ainsi l'arme la plus sûre, la plus terrible, la moins encombrante, tel est le tour de force qu'il s'agissait de réaliser... tels sont les mérites de notre revolver **tue tue** dont l'éloge n'est plus à faire. Des milliers de clients s'en sont chargés depuis qu'existe ce modèle de revolver de poche, et c'est partout dans toutes les langues que, déjà, cette arme incomparable est vantée et proclamée sans égale.

Le **tue tue** est l'arme de défense par excellence pour les voyages en chemin de fer, en voiture; c'est l'arme de chasse avec laquelle on peut, sans danger, servir un fauve aux abois; c'est aussi le plus sûr *ornement* de la table de nuit, à telle enseigne que deux cambrioleurs, placés l'un derrière l'autre seraient frappés tous les deux si l'on tirait à travers la porte qu'ils cherchent à forcer.

Répétons qu'indépendamment de notre cartouche à poudre sans fumée et à balle blindée si meurtrière, nous pouvons utiliser la cartouche militaire du modèle de guerre 1892. De plus, nous avons créé des cartouches à petits plombs, dont l'emploi contre les chiens est d'un effet aussi drôle qu'irrésistible et peu dangereux. Sous les multiples piqûres produites par la cendrée que nous utilisons, — et cela sans fumée, sans la moindre effusion de sang et presque sans bruit, — le chien le plus agressif se sauve en hurlant et donnant le spectacle le plus comique.

Sous ce titre : « *Le Revolver colonial* », nous trouvons dans l'*Avenir militaire* du 15 mars 1895, un article fort judicieux que nous nous plaisons à reproduire ici. Nous n'en connaissons pas l'auteur et nous le regrettons, mais les sages réflexions qu'il émet, lui auraient été inspirées par l'un de nos officiers généraux commandant en chef en Annam, que nous n'en serions pas surpris. Ce chef vigilant nous a, en effet, demandé l'expédition à son adresse de plusieurs « tue tue », qu'il a dû répartir entre les officiers sous ses ordres.

Un mot du revolver qui, dans les broussailles qui couvrent le sol de Madagascar, sera l'arme par excellence, arme d'autant plus efficace que c'est, le plus souvent, contre un ou deux fahavalos que l'officier ou le soldat français se trouvera nez à nez, sans avoir pu s'y préparer dix secondes avant. Le revolver modèle 1892 est une arme excellente, mais il pèse 840 grammes, il a une longueur de 24 centimètres et cela empêche que celui qui en est pourvu le garde constamment, comme son couteau, une fois l'équipement mis bas avec délices. Ce n'est pourtant pas là une précaution inutile, et il n'est pas rare d'avoir vu, au Soudan, un militaire, écarté une minute de la colonne pour un besoin urgent, ne pas revenir, faute d'avoir riposté, par une balle, au coup de sagaie d'un indigène embusqué silencieusement à vingt pas de la colonne. Une arme plus légère que le revolver d'ordonnance, surtout plus facile à placer dans la poche et dans la main, sans en être embarrassé, présenterait à cet égard les plus précieux avantages. Cette arme existe d'ailleurs dans le commerce : le revolver dit « tue tue » tire la même cartouche que le revolver d'ordonnance, pèse 340 grammes et peut se placer dans la poche, sans présenter aucune infériorité sur le revolver modèle 1892.

Il y aurait un intérêt considérable à ce que « la Guerre » adoptât une bonne fois un type de revolver « colonial » répondant à ces exigences; du même poids « 340 grammes » ou d'un poids moindre que le « tue-tue », qui a été apprécié des militaires qui s'en étaient pourvus, avant de prendre part à nos dernières opérations sur la rive droite du Niger, contre Samory. Dans cet ordre d'idées, une livre de moins, c'est le salut. Que l'on n'objecte pas que l'allégement du revolver ne peut être obtenu qu'aux dépens de sa solidité. Chaque fois que la comparaison a été faite à cet égard entre le type « tue tue » et le revolver d'ordonnance, elle a été à l'avantage du premier.

Instructions : Le maniement et l'entretien du *tue tue* et du *Velo-dog revolver*, — identiques pour les deux armes, — sont de toute simplicité.

— Pour charger, presser sur la clef qui apparaît sur le côté droit de l'arme, en avant du pontet, et faire pivoter cette clef jusqu'au bout de sa course. Le canon tiré en avant se détache, puis le cylindre peut glisser sur sa tige centrale. On le sort, on charge et l'on remet les choses en état.

— L'extraction des douilles vides s'opère à l'aide de la tige centrale, axe du cylindre.

— Pour l'entretien, laver le cylindre et le canon, après chaque séance de tir; sécher ces pièces et huiler légèrement, notamment l'axe du cylindre; en un mot, tenir l'arme propre et en bon état.

Prix : Bronzé noir, **50** fr. — Nickelé, **55** fr. — Poignée ivoire ou nacre, gravure, nickelage, etc., **65** à **95** fr. — *Sur demande ce modèle peut être établi avec chien extérieur.*

Accessoires et munitions, voir page 87.

REVOLVERS DE GUERRE

Nous en avons deux modèles, également de notre invention, d'une perfection telle que rien n'en approche. Décrivons-les.

Le nº **46** (dessin au tiers, page 66 bis) est un MODÈLE A BAGUETTE, qui ne le cède en rien au meilleur revolver à extracteur, sous le rapport de la célérité du fonctionnement. Il se décharge et recharge, en effet, tout aussi vite que le modèle à extracteur le mieux approprié pour cette manœuvre et à l'aide d'organes, offrant — évidemment — une résistance, une solidité que ne saurait posséder tout l'appareil, quel qu'il soit, qu'on nomme : *un extracteur*.

Une pédale à ressort que l'on aperçoit à la base du canon maintient la baguette, et il suffit de la presser du pouce pour dégager celle-ci, qui pivote et offre sa tête aux doigts du tireur. La porte étant ouverte, et **le chien s'en trouvant paralysé,** la baguette descend *droit* dans une chambre et en expulse la douille; une pression sur la détente et une autre chambre se présente *exactement* devant cette baguette qu'il suffit de remonter et descendre six fois dans les mêmes conditions (on le fait en six secondes), pour vider le cylindre de ses six douilles vides, — ou n'expulser que les deux ou trois qui sont déchargées — sûrement, facilement, sans effort, quelle que soit l'adhérence des douilles tirées, laquelle est parfois telle qu'un extracteur ne réussit pas à les en arracher. La baguette, réappliquée à sa place, s'y fixe d'elle-même; donc, pas de tâtonnement, pas de perte de temps, fonctionnement assuré, sans accident, sans torsion possible de cette tige solide qui suit forcément sa voie et chemine, sur toute sa longueur, dans un épais fourreau qui la protège contre les coups, les chocs, les chutes, accidents dont souffrent tous les revolvers — surtout ceux munis d'un extracteur fragile — qui, momentanément du moins, en deviennent hors d'usage.

Voilà pour le déchargement! Le rechargement du revolver est tout aussi rapide, tout aussi facile. Le jeu de la détente — la porte étant ouverte et le chien paralysé — a pour effet de faire tourner le cylindre et d'amener devant l'ouverture, l'une après l'autre, chacune des six chambres, qui reçoivent une cartouche facilement logée et sûrement casée, prête à tirer dès son introduction. A cheval, comme à pied, au repos aussi bien qu'en courant, même en pleine obscurité, on peut donc décharger et recharger son arme, être prêt à se défendre, n'eût-on réussi qu'à y insérer une ou deux cartouches!

Un autre perfectionnement réalisé est celui qui consiste dans l'immobilisation complète, absolue, du cylindre, qui ne remue, ne pivote, ne tourne que sous l'action de la détente; il en résulte que si l'on a tiré trois cartouches et que l'on retarde le tir des trois autres, c'est forcément la quatrième qui viendra se présenter

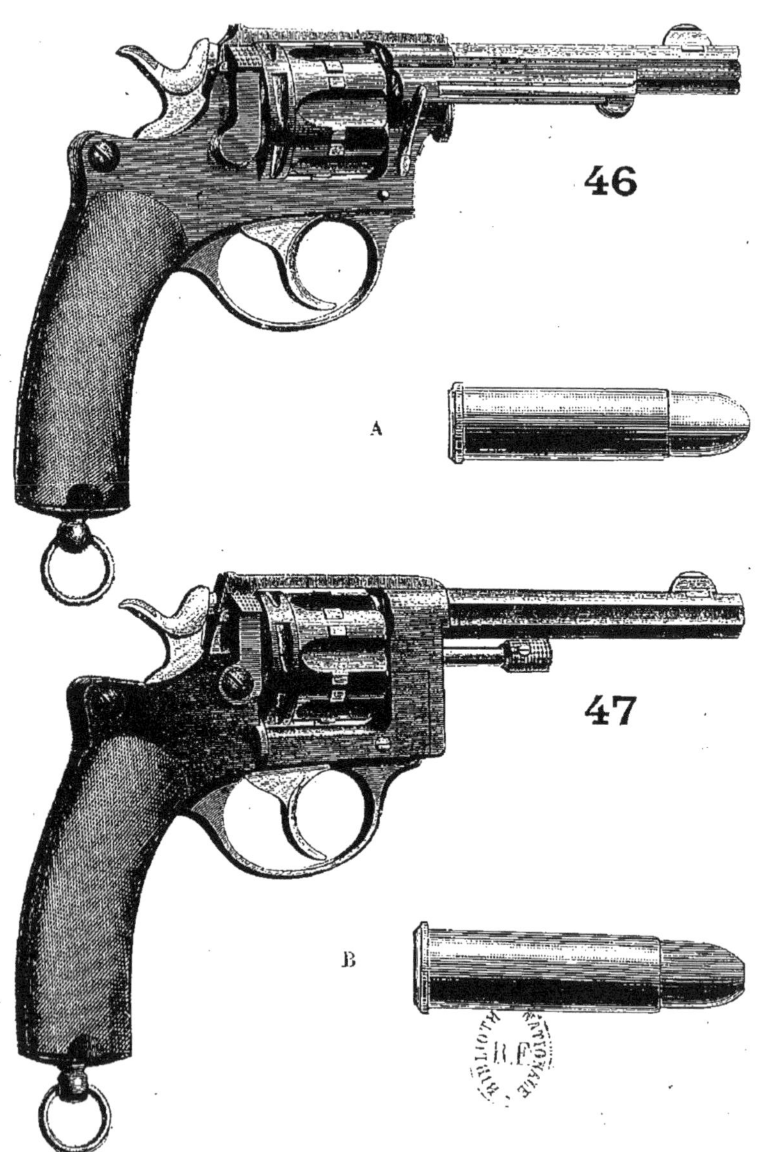

BIBLIOTH NATIONALE R.F.

au percuteur, quelque violentes que soient les secousses que, dans l'intervalle, ait pu supporter le revolver.

Donc, le déchargement, le rechargement, le fonctionnement sont ici *assurés*, *facilités*, rendus *pratiques* comme il est impossible de le rencontrer dans aucun autre modèle de revolver.

Comme résistance, solidité, puissance de tir, il n'est pas d'arme du même genre qui puisse rivaliser avec nos modèles de guerre et notre cartouche à poudre sans fumée et balle blindée. Cette munition de guerre reçoit, naturellement, une charge encore plus forte que celle de notre petit *revolver de poche* **tue tue** qui, pourtant, perfore une cuirasse ; c'est dire que notre projectile peut abattre un cheval après avoir percé la chabraque et la selle. Et, dans ces conditions, on pourrait tirer, sans discontinuer, des centaines, des milliers de coups sans compromettre le fonctionnement du revolver, ce qui dépasse considérablement la mesure du service que l'on compte lui demander. La cartouche du modèle 1892 (revolver français d'ordonnance) s'applique également à nos propres modèles.

Quant à ce qui concerne le perfectionnement de tous les organes qui constituent notre modèle nº 46, il est fait pour étonner le plus difficile des critiques, et nous pouvons affirmer qu'aucun des possesseurs de ce revolver — et ils sont nombreux — n'a pu nous formuler la moindre observation ; tous nous en ont complimenté.

Le cylindre s'enlève et se replace avec la plus grande facilité et sans qu'aucune autre pièce de l'arme puisse se détacher. Il suffit de presser sur la pédale située à l'opposite de celle qui fixe la baguette, pour dégager la tige centrale et la faire glisser le long du canon jusqu'à la tête de baguette où cet axe bute sans pouvoir s'échapper.

Si l'on rentre le cylindre à sa place dans le cadre qui l'enserre et le protège, on n'a qu'à redescendre l'axe, qui se fixe de lui-même, sans la moindre attention, et tout est de nouveau en bon état de fonctionnement.

Veut-on, au contraire, détacher l'axe du cylindre en même temps que celui-ci, il n'y a qu'à détourner la tête de baguette qui forme arrêt et la tige centrale s'enlève.

Le mécanisme de batterie — *qui ne se compose que de* **quatre pièces solides** — se démonte aussi facilement : si l'on ne veut que l'inspecter, l'huiler, il suffit d'entr'ouvrir la plaque de recouvrement fixée par une clef ou une vis — *ad libitum;* — mais s'il plaît de démonter toute la platine, on peut le faire **sans outil :** serrer dans les doigts le grand ressort et l'enlever, puis le levier qui actionne la détente, ensuite le chien et enfin la détente qui porte le poussoir du cylindre. Les choses se remettent en place dans l'ordre inverse.

Voilà tout. Ajoutons que ce revolver, œuvre d'arquebuserie soignée, est d'une précision égale à celle des meilleurs pistolets de tir, et nous aurons le droit de dire : *Il n'est pas de meilleure arme.*

Sur commande spéciale, nous établissons ce modèle précis et puissant pour recevoir une crosse d'épaulement articulée, légère, dans le genre de celle de notre ancien modèle *sportsman* (*voir page* 71), mais perfectionnée de telle sorte qu'elle se déplace et se replace *instantanément*, sans outil. On peut ainsi, en un clin d'œil, faire de ce bon revolver une excellente carabine de chasse à six coups, très puissante, plus efficace sur le sanglier, le loup, l'ours lui-même qu'une carabine du calibre 20, au moyen d'une crosse qui trouve place dans le carnier et même dans une poche de vêtement, bien mieux et plus facilement que la crosse massive du revolver américain. Cette adjonction et les modifications que nécessite dans ce but la construction du revolver — qui, toutefois, demeure tel quel, c'est-à-dire revolver ou carabine — cette adaptation coûte séparément *Cinquante francs.*

Prix : n° 46. Revolver-Galand à baguette, **100** fr.

Pour accessoires et munitions, voir page 87.

Le n° **47** (dessin au tiers, page 66 bis), MODÈLE A EXTRACTEUR, n'est autre que le revolver de l'armée française perfectionné, modifié, rendu *solide, puissant, pratique.* Dans l'état où nous le livrons, il peut recevoir la munition officielle à la poudre noire ou bien notre cartouche chargée de *poudre sans fumée*, ce qui assure au projectile une force de pénétration, une portée bien supérieures.

Notre modèle 47, disons-nous, est un très sérieux perfectionnement du revolver militaire français modèle 1892, perfectionnement, à notre avis, nécessaire, en raison des graves défectuosités qui affectent cette arme, qui devrait être solide, simple, pratique, mais n'est rien moins que tout cela. En effet, ce revolver a sa culasse entaillée, trouée, affaiblie outre mesure, ce dont on se rend parfaitement compte en le démontant, en mettant la carcasse à nu; on constate alors que le cadre dans lequel se meut le cylindre est d'une ténuité excessive au point le plus sensible, à l'endroit où il devrait offrir le plus de résistance, dans le coin où la bande supérieure se rattache à la culasse, au-dessus du trou de percussion. La rupture de ce point d'attache est inévitable, à moins de n'utiliser que des cartouches à faible charge comparativement à celle de notre cartouche à la poudre sans fumée.

Et puis, on a adapté une porte — une porte de chargement — à ce revolver militaire, et ce serait très bien si l'on pouvait s'en servir pour l'introduction des cartouches, lorsque le cylindre se trouve ramené à sa place de fonctionnement, après l'expulsion des douilles par l'extracteur; mais cette *porte*, très compliquée, n'est qu'un immense verrou, n'ayant d'autre mission que de maintenir ce barillet et l'empêcher de basculer; elle ne peut livrer passage aux cartouches, qu'il faut introduire à *découvert* dans les chambres, de telle sorte qu'un cavalier ne saurait parvenir à charger ou recharger son arme, le moindre mouvement du cheval déterminant l'expulsion des munitions avant la réintégration du cylindre dans son cadre.

De notre perfectionnement il résulte :

— Qu'aucune entaille n'affecte plus la solidité du revolver, ce qui nous permet de tirer des cartouches (les mêmes) chargées de poudre sans fumée — J n° 3 — qui procurent à la balle (la même) une force de pénétration bien supérieure à celle obtenue par les cartouches à la poudre noire, *seules utilisables* dans le modèle 1892.

— Que la porte devient une porte de chargement par laquelle on peut réintroduire des cartouches pleines, après l'expulsion au moyen de l'extracteur, des douilles vides. Par le jeu de la détente — le chien se trouvant immobilisé par la porte ouverte — chaque chambre vient se placer exactement devant l'ouverture pour recevoir une cartouche qui, dès son introduction, se trouve sûrement logée, *indélogeable* et *utilisable*. On est, dès lors, toujours en état de faire feu, n'eût-on disposé que du temps nécessaire pour glisser une ou deux cartouches dans le cylindre ; on n'a qu'à fermer la porte et immédiatement le chien fonctionne, percute.

Oserait-on comparer notre fabrication si supérieure à celle du revolver militaire en général et du modèle 1892 en particulier? Celui-ci, fabriqué mécaniquement, sans retouche ni ajustage, manque nécessairement du fini, du cachet des armes traitées comme *arquebuserie* et, non moins fatalement, son fonctionnement s'en ressent. La batterie ne saurait avoir le liant, le moelleux d'une platine revue, retouchée, mise au point dans tous ses détails, et les multiples mouvements de cette arme rotative ne peuvent dès lors, s'effectuer sans raideur, sans à-coups. De même la précision de ces revolvers rustiques est « ce qu'elle peut » ; si le hasard s'en mêle, le tir est bon, mais il peut aussi être très mauvais.

Notre numéro 47, construit mi-partie mécaniquement, mi-partie manuellement, est un revolver de qualité tout à fait exceptionnelle, véritable objet d'art comme ajustage, fini, élégance, solidité, précision, puissance. Sa batterie spéciale — la même que celle de notre numéro 46 — est un modèle de moelleux, de souplesse, de parfait fonctionnement.

Il peut, comme son congénère, n° 46, recevoir une crosse d'épaulement articulée qui s'adapte instantanément et s'enlève de même, — voir page 70 bis — crosse légère, qui peut se porter sans gêne ni inconvénient, en raison de sa légèreté, dans une poche du vêtement, et transforme le revolver en une excellente carabine de chasse. Cette crosse coûte séparément *50 fr.*

Prix : **100** fr. *Accessoires et munitions, voir page* 87.

Une nécessité de métier nous oblige à fabriquer LE MODÈLE 1892 que nous établissons beaucoup mieux que le modèle militaire et que nous cotons, réglé, **55** fr.

Nota : *Nous continuerons la fabrication du revolver Galand à extracteur, modèle 1868, qui nous est encore beaucoup demandé pour les pays où il s'est répandu.*

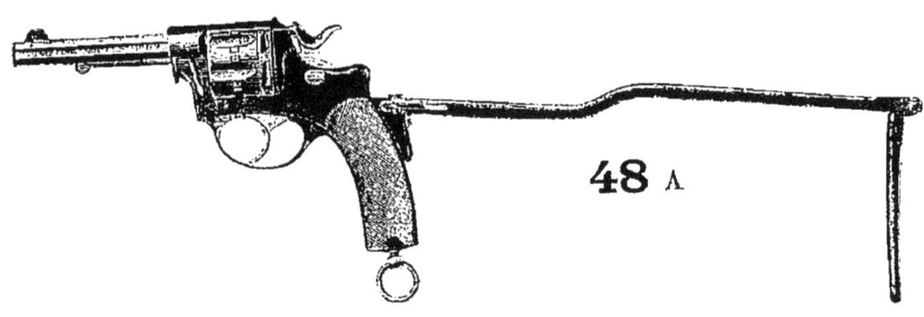

48 A

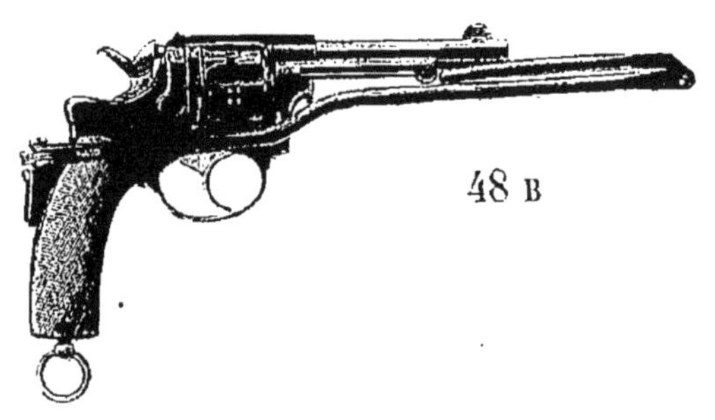

48 B

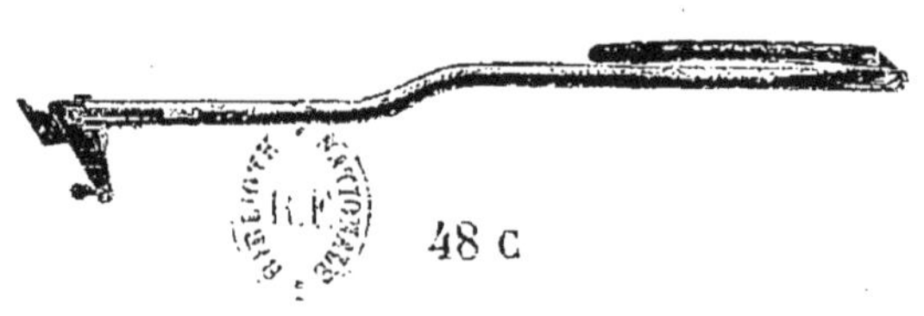

48 C

REVOLVERS DE CHASSE

Sous le n° **48,** nous avons photogravé au sixième, page 70 bis, l'un de nos modèles de revolver de guerre, muni de la crosse articulée, instantanément démontable et tout aussi rapidement applicable, dont nous avons déjà expliqué les avantages page 68. Nous aurions tout aussi bien pu montrer cette crosse adaptée à l'autre modèle, puisque l'un et l'autre de nos revolvers de guerre peuvent être l'objet de cette facile transformation en carabine de chasse.

On remarquera l'extrême simplicité de ce mode de transformation. Il suffit, en effet, d'introduire la tige de crosse dans une excavation *ad hoc*, ménagée dans la poignée du revolver, pour qu'elle s'y fixe inébranlablement et instantanément. Pour l'enlever, on presse sur un bouton qui la dégage et on la remet en poche.

Pourtant, grâce à nos très meurtrières cartouches, chargées de poudre sans fumée et à l'excessive pénétration des nouvelles balles blindées, nos revolvers, d'un seul coup, peuvent foudroyer un ours, un sanglier, et l'on dispose de six balles que l'on peut tirer en quatre secondes avec la plus parfaite précision, car l'arme est très juste et la crosse articulée se prête au viser comme la meilleure des carabines. N'est-ce pas préférable à toutes les armes rayées que l'on portait à la botte ? Celle-ci se loge dans une gaine et se porte au ceinturon, sans la moindre gêne !

Une seule observation : Pour obtenir un revolver à crosse d'épaulement, il faut le commander spécialement. La poignée, pour se prêter à l'adaptation de la crosse, doit être disposée dans ce but.

N° 48. — La crosse d'épaulement et son adaptation, nous le répétons, se cotent à part et supplémentairement **50** fr.

REVOLVER DE CONCOURS

N° **49.** — Photogravé au tiers de ses dimensions vraies, page 72 *bis*. Cette nouvelle arme a un cachet tout spécial, comme elle a une utilisation toute spéciale, une précision et des dispositions spéciales.

C'est un modèle voulu, étudié, créé, construit, agencé à l'unique point de vue du service des concours, dans le seul but d'en faire une arme de tir exceptionnellement juste, et l'équivalent des meilleurs d'entre les bons pistolets.

A cet effet, le mécanisme est réduit à la simplicité la plus rudimentaire ; il n'y reste aucune pièce inutile. L'arme est à simple mouvement d'*armer* et pourvue d'une batterie à *languette* qui lui procure un décocher extrêmement sensible. L'axe du cylindre est mobile et fixé par une pédale à ressort qui l'arrête lorsqu'on dégage le barillet pour le sortir et le charger. Les douilles vides s'extraient du cylindre au moyen d'un gros mandrin d'acier fixé dans la poignée de l'arme et formant bouton de calotte.

C'est toute la description que nous ayons à faire du mécanisme de ce revolver idéal qui n'a qu'une seule pièce de plus que le pistolet *Ira Paine* (*page* 54) : le levier qui meut et fait tourner le cylindre.

On comprend bien, sans qu'il soit utile d'y insister, quelle perfection résulte de cette simplicité ; aussi les cibles du genre de celle que nous reproduisons ci-contre, sont-elles chose familière à tout bon tireur — aux distances de 25 à 30 mètres — car non seulement le revolver fonctionne avec autant de régularité qu'un pistolet sans cylindre tournant, mais les soins accordés à sa fabrication, le dressage de son canon, la perfection de sa rayure spéciale, la bonne coordination de son calibre avec celui de la balle, le choix de la munition, tout concourt à en faire une arme digne de se mesurer avec les bons pistolets, et, bien supérieure à tout ce qui existe comme *revolver de tir*.

Les douilles que nous utilisons sont les mêmes que pour le pistolet Ira Paine et peuvent servir des centaines de fois ; les accessoires sont aussi les mêmes, excepté en ce qui concerne le moule à balle conique que nous substituons au moule à balle ronde.

Cette balle conique, suiffée, qui entre profondément et à frottement dans la douille, y adhère assez solidement pour qu'il soit inutile de la sertir ; de là économie d'un instrument et meilleur emploi du projectile qui ne se déforme pas.

Dans le but d'avoir une arme parachevée, nous avons adapté une visière se mouvant verticalement et un guidon fin, pouvant se déplacer latéralement.

N° **49**. — Prix : **90** fr.

Accessoires et munitions, voir page 87.

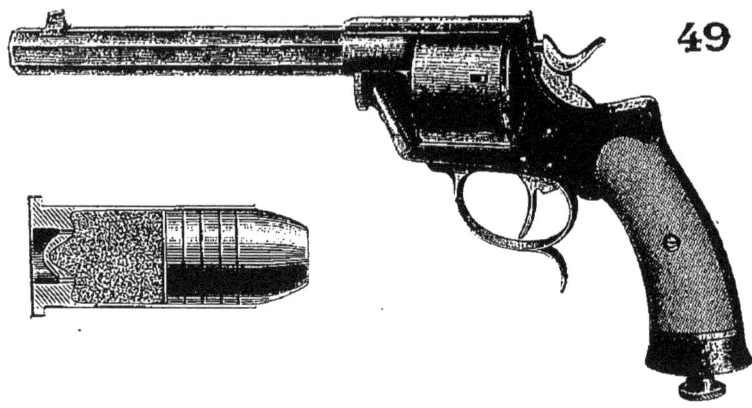

49

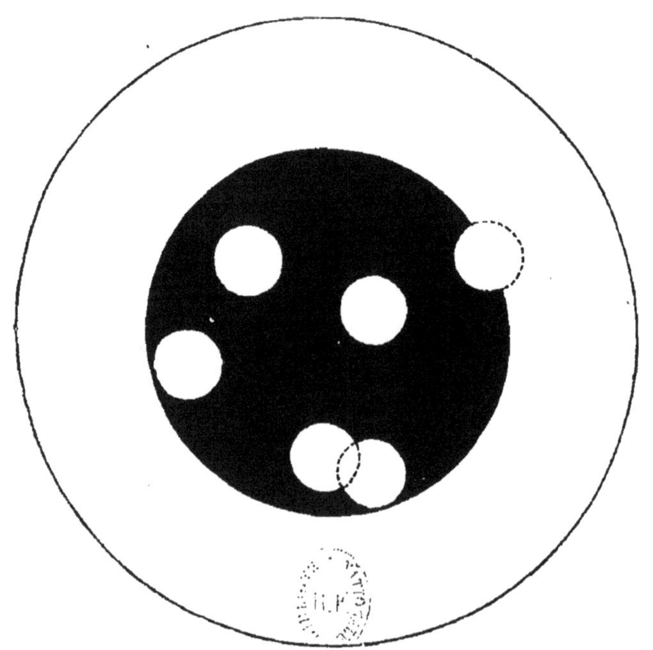

CARABINES FLOBERT

Petits fusils à inflammation annulaire, pour amorces Flobert à balle ou à plombs de 9 millimètres, qu'il ne faut pas confondre avec les fusils de chasse de petit calibre que nous avons décrits page 26, non plus qu'avec les carabines de tir, d'étude et de concours, figurant page 44 et suivantes.

Un fabricant sérieux doit avoir le courage d'imposer la réforme des armes qu'il croit inutiles ou dangereuses; il doit aussi pourvoir à leur remplacement par des modèles mieux appropriés aux besoins de sa clientèle, qui manque parfois de compétence et ne demande, en somme, qu'à être éclairée.

En nous inspirant de ce principe, nous avons condamné tous les modèles de carabine Flobert, à canon lisse de 6 millimètres.

Quels services, en effet, pourrait-on réclamer de cette petite arme? Pour le tir à balle, elle manque absolument de précision, et le plus grand tort que l'on puisse faire à un garçonnet, c'est de lui mettre entre les mains un instrument qui, s'il s'essayait à en faire usage, lui ferait perdre, à jamais, le goût du tir. Pour le tir à plombs, il n'est pas d'arme aussi défectueuse, non pas seulement parce qu'elle n'a guère d'efficacité, même sur les plus petits oiseaux, au delà de quelques mètres; mais, surtout, à cause de l'exécrable qualité des amorces Flobert de 6 millimètres, à plombs, qualité que la petitesse du calibre ne permet pas d'améliorer. Cela crache; cela laisse des résidus dans la chambre et dans le canon; parfois tout le plomb part en un seul paquet, entraînant avec lui l'enveloppe de papier ou de carton qui le contient. Bref, les petites carabines Flobert à canon lisse de 6 millimètres ne sont bonnes à rien; aussi n'en faisons-nous pas. Ce modèle n'est utilisable qu'avec le canon rayé, pour le tir de précision, à balle.

Mais il ne nous a pas suffi de décider que les armes Flobert du calibre de 9 millimètres seraient désormais les seules que nous établirions à canon lisse; nous nous sommes préoccupé, aussi, de ne plus fabriquer que les modèles assez résistants pour supporter les amorces à double charge, au moyen desquelles l'on obtient un tir de jardin très satisfaisant. De plus, nous nous sommes demandé pourquoi nous continuerions à faire nos armes avec d'épais canons octogones, chose aussi absurde qu'inutile, que la seule routine avait consacrée parce que cela s'appelait : *Carabine Flobert.* Nous avons fait, au lieu de cela, de jolis fusils, au canon plus long, plus léger, ce qui constitue de nouveaux modèles très élégants et mieux disposés pour l'usage auquel on les destine.

Nomenclature, Description, Prix.

Voir dessins, page 74 bis.

N° **50**. — **Modèle Remington-Flobert.** — Il se fait, en ce genre, une grande quantité d'imitations plus ou moins heureuses, c'est-à-dire plus ou moins recommandables. Il en est même qui ne le sont pas du tout et n'ont d'autre mérite que de ressembler superficiellement au véritable modèle Remington-Flobert, avec lequel ces bâtards n'ont pas d'autre analogie, car ils ne possèdent aucune de ses qualités essentielles, et l'usage de certains d'entre eux n'est pas sans occasionner de sérieux désagréments, si, même, il ne fait pas courir des dangers au tireur. — Manœuvre du Remington-Flobert : armer; ouvrir la culasse; charger; fermer la culasse et tirer. Un puissant extracteur rejette la douille tirée chaque fois que l'on ouvre la culasse. N° 50, modèle fini à l'anglaise, très soigné, avec anneaux. Prix : **55** fr.

N° **51**. — **Modèle à étrier Flobert.** — Manœuvre : mettre le chien au premier cran, lever la culasse, ce qui ramène l'amorce vide; placer la nouvelle amorce et l'appuyer avec le pouce, pour la faire pénétrer dans la chambre, fermer la culasse;

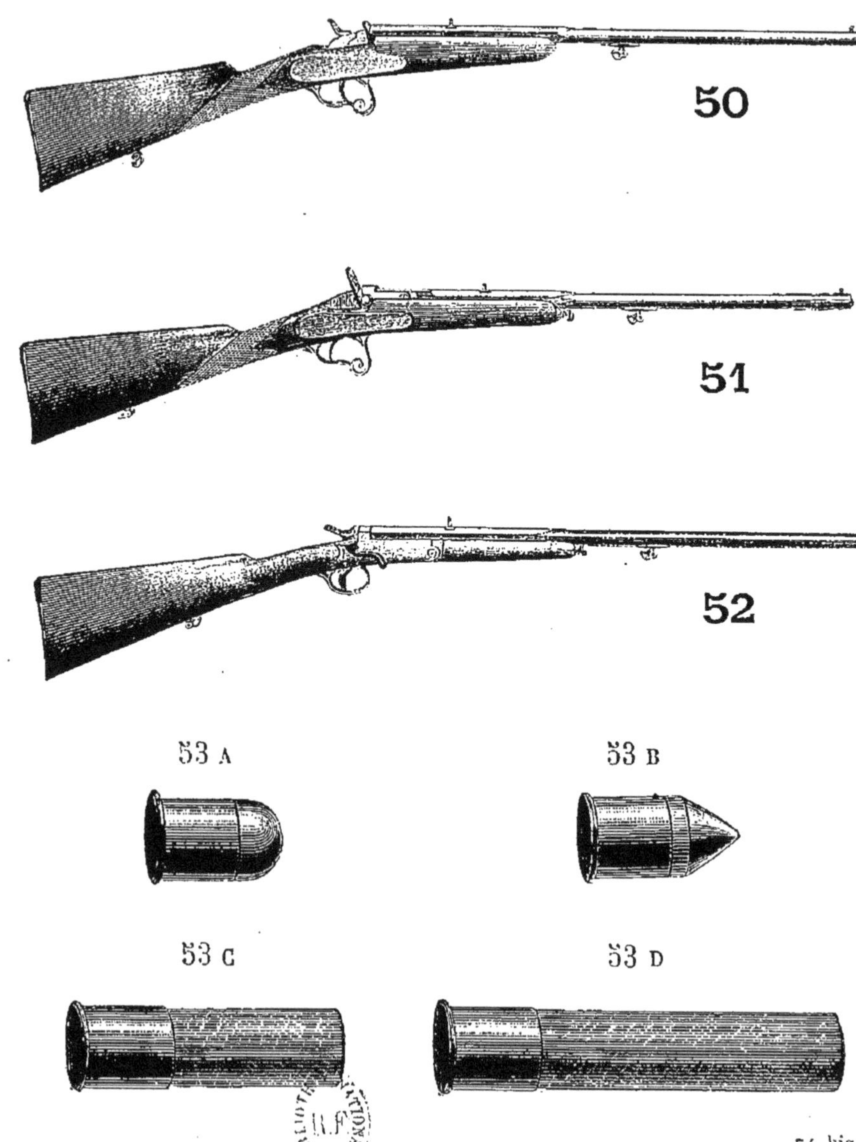

BIBLIOTHÈQUE NATIONALE R.F.

armer et tirer. — Pour démonter le canon et sa culasse il suffit, après avoir mis le chien au cran de sûreté, de presser sur le bouton au bout du fût et de soulever le canon.

Prix : N° 51 A. — Crosse bois noir quadrillé, belle arme avec anneaux, **50 fr.**

N° 51 B. — Crosse bois noir quadrillé, gravé, nickelé, modèle élégant, avec anneaux, **60 fr.**

N° 51 C. — Crosse noyer, modèle rustique, très solide, avec anneaux, **40 fr.**

N° **52.** — **Modèle side-lever Flobert**, décrit page 29 comme arme à feu central, n° 14. — Manœuvre : Mettre le chien au cran de sûreté, presser sur la clef, ce qui fait basculer le canon. Prix : **60 fr.**

Accessoires et munitions pour carabines 9 mill., genre Flobert : Voir dessins des munitions à dimensions exactes, page 74 bis. Cartouches à balle ronde, n° 53 A, la boîte de 100, 3 fr. ; à balle conique n° 53 B, avec poudre, 3 fr. 50. — Cartouches à plombs n° 53 C, la boîte de 50, 2 fr. 50. Les mêmes cartouches, à forte charge n° 53 D, 3 fr. 50 la boîte. — Baguette de nettoyage et accessoires, 3 fr. — Fourreau mouton, avec bretelle, 4 fr. 50. — Fourreau en veau solide, avec bretelle, 15 fr. — Elégante cartouchière en cuir marron, double fermoir nickelé pour 32 cartouches à plombs, 7 fr.

INDICATIONS A FOURNIR POUR LES COMMANDES

Page 95 : Expédition, transport, payement.
— 96 : Commande d'un fusil sur mesure.

GALAND, 13, rue d'Hauteville, a PARIS

(*La rue d'Hauteville est située boulevard Bonne-Nouvelle, près le théâtre du Gymnase.*)

MUNITIONS

Il en serait des munitions comme des armes et nous n'aurions plus à y revenir, comme nous l'avons fait pendant vingt-cinq ans, pour éclairer le public sur leur fabrication, leur nature, leurs qualités diverses, le mode d'emploi, le choix à faire, les précautions à prendre, etc., si les nouveaux explosifs, les poudres pyroxylées, vives, brutales, dangereuses, lorsqu'on en fait un mauvais usage, ne nous contraignaient à participer à la campagne que des esprits généreux ont entreprise pour édifier le monde des chasseurs sur les avantages, les inconvénients et les dangers de ces munitions spéciales.

Lorsqu'on voit un homme aussi éclairé que M. le comte H. de Perpigna, jeter le cri d'alarme après une étude approfondie de la question qu'il est allé étudier sur place, aux bancs d'épreuves anglais, belges, français, il faut considérer comme un devoir lorsqu'on le peut, comme nous le pouvons ici, de propager son œuvre de divulgation strictement philanthropique. Comme lui, nous pensons « qu'il est bon d'être informé d'un danger menaçant, de même qu'il est humain de crier casse-cou à l'imprudent avant qu'il tombe, et de contribuer par une bonne parole, à le remettre dans le bon chemin ».

Nous voudrions voir réunir en une brochure les nombreux articles publiés dans la *Chasse illustrée* sous ce titre : *Épreuves des armes de chasse et Pressions dangereuses*, et nous souhaitons vivement que cette consciencieuse et savante étude se trouve entre les mains de tous nos chasseurs.

En somme, le danger très sérieux des poudres pyroxylées est de deux sortes :

Leur emploi dans des fusils trop faibles pour y résister et non suffisamment éprouvés, ce que nous avons indiqué plus haut, chapitre des fusils « Élite ». Ceux-ci sont soumis à l'épreuve belge, *la quatrième*, laquelle donne toutes les garanties désirables.

Le tassement, l'écrasement de la poudre dans la cartouche, ou bien l'exagération de la charge, ce que nous allons expliquer brièvement.

Le tassement, l'écrasement de la poudre pyroxylée sous la bourre qui la recouvre est expressément interdit au nom de la plus vulgaire prudence. Tandis qu'une charge normale de poudre S, la plus brisante de nos poudres françaises, n'a donné au Crusher-Polain, pour le calibre 12, qu'une pression de 510 atmosphères (1) et la charge de poudre J, celle de 450 atmosphères, quand la bourre n'avait été comme il convient, que légèrement mise en contact avec la poudre; cette pression, par suite d'un léger tassement, s'est élevée à 744 atmosphères et d'autre part, à 648, et, avec tassement énergique, elle pourrait monter jusqu'à 1,300 et 1,400 atmosphères, pressions auxquelles aucune arme ne peut être soumise à l'épreuve, elle n'y résisterait pas!

Faut-il répéter après cela, que l'on peut toujours, inconsciemment ou bien volontairement faire éclater un canon de fusil, quelque parfait qu'il soit, sans même l'obstruer, ce qui est resté élémentaire, si l'on double et triple la puissance des gaz par un bourrage inintelligent ou méchant, c'est-à-dire, en dehors des conditions normales qui se résument à ceci : *Descendre la bourre sur la charge et la mettre bien en contact avec la poudre sans l'appuyer.*

Une autre précaution est à prendre, c'est de ne pas laisser les cartouches exposées à l'humidité. Si la poudre, qui est déliquescente, se dissolvait, devenait pâte, puis bloc, le résultat serait certain; ce serait l'éclatement du canon dès le premier coup tiré avec une cartouche ainsi dénaturée.

La charge d'une cartouche doit être pesée au trébuchet et ne pas varier d'un décigramme, si l'on veut opérer convenablement.

M. de Perpigna, qui pèse sa poudre, constate la surprise qu'il a éprouvée en faisant procéder au contrôle du poids de cartouches qu'il avait faites, le temps lui manquant, au moyen d'une chargette soigneusement vérifiée par maintes pesées du volume qu'elle contenait, avec des balances de précision.

Il a relevé des différences de poids de 5 à 10 centigrammes, équivalant à des différences de pression de 60 à 80 kilogr. par centimètre carré! Il s'explique ainsi les détonations vibrantes

---

(1) L'atmosphère correspond à une pression de 1 kilog., 0336 par centimètre carré de surface.

qui surprennent si désagréablement parfois l'oreille du tireur.

« Quand je songe, dit-il, combien l'usage de la poudre de bois est répandu maintenant, puisqu'on la trouve chez l'armurier du moindre village qui n'hésite pas à vous charger telle quantité de cartouches qu'il vous plaira de lui commander, se faisant aider dans cette besogne par sa femme ou ses enfants, tapant, bourrant à tort et à travers, sertissant à déformer la cartouche, je reste stupéfait de la rareté relative des accidents qui arrivent, surtout si je me reporte aux conditions d'ignorance et de manque de soins dans lesquelles ces munitions sont faites.

« Même dans les grandes villes, combien est-il d'armuriers possédant l'outillage nécessaire et les connaissances suffisantes pour éviter de faire courir à leurs clients les risques réels auxquels expose l'emploi de cartouches mal faites? »

Il voudrait qu'on traitât la vente des poudres pyroxylées avec la même prudence que les toxiques qu'un pharmacien ne peut délivrer sans la garantie d'une ordonnance et que le premier venu, un collégien, beaucoup de chasseurs ignorant ce danger, ne pussent obtenir « ces poudres qui ont le fulmi-coton pour base et, par conséquent, un pouvoir brisant, que telles circonstances de sécheresse extrême ou de compression trop grande peuvent rendre si terribles dans leurs effets. »

Et il s'élève, avec raison, contre l'insuffisance et le mal-fondé des instructions que l'État donne, par des étiquettes, aux acheteurs de ses poudres de bois :

« L'instruction qui figure sur chaque boîte est trop incomplète; de même que les charges indiquées sont, pour la majorité des cas, sensiblement trop fortes. Le consommateur est-il suffisamment prévenu du danger, lorsque, parmi les recommandations essentielles, il aura lu celle-ci sur la boîte :

« Il est *inutile* de bourrer fortement la poudre, une compression modérée suffit. *Inutile* est un doux euphémisme, dont l'aimable résultat peut causer parfois de graves blessures, sinon la perte d'un œil ou l'amputation d'un bras. »

On peut juger, par ces citations, avec quelle ardeur et quelle compétence l'auteur s'efforce de mettre le public en garde contre les accidents et les imprudences, ce dont il le faut louer et lui savoir le plus grand gré.

Disons que les charges normales sont, pour les nouveaux explosifs les plus connus :

POUDRES FRANÇAISES

SORTE DE POUDRE	CALIBRE	POUDRE	PLOMB	CHARGES DE LA RÉGIE POUDRE	CHARGES DE LA RÉGIE PLOMB
J 1	10	4.50	45	Néant.	
	12	3.60	36	3.80	36
	16	2.60	30	Néant.	
	20	2.25	26	Néant.	
J 2	10	Néant.		Néant.	
	12	3.30	32	3.30 à 3.80	36
	16	2.30 (1)	28	2.50 à 2.80	30
	20	Néant.		2 » à 2.20	26
S 1	10	Néant.		Néant.	
	12	2.75	36	3 » à 3.10	36
	16	2.20	30	Néant.	
	20	1.90	26	Néant.	
S 2	10	Néant.		Néant.	
	12	2.20	36	2.40 à 2.60	36
	16	Néant.		2 » à 2.20	30
	20	Néant.		1.80 à 2 »	26

(1) Charges peu usitées et n'offrant pas d'avantages; nous ne les employons que sur demande expresse des clients.

NOTA : Sauf ordres contraires, nous ne chargeons qu'en poudre J1.

POUDRES ÉTRANGÈRES

CALIBRE	POUDRE	PLOMB	POUDRE	PLOMB	POUDRE	PLOMB
	Schultze		E. C.		Rose belge	
10	3.100	35	3.100	35	3.100	35
12	2.500	35	2.500	33	2.500	33
16	2.300	28	2.300	28	2.200	27

Les douilles employées pour les cartouches à la poudre pyroxylée, doivent être choisies parmi les meilleures et leur amorçage, tout spécial, de nature à procurer une inflammation vive. La poudre doit être conservée à l'abri de la moindre humidité; les cartouches elles-mêmes devront être enfermées dans un meuble bien sain et déposé dans un endroit très sec.

Un mot encore : ceci est plutôt du domaine de l'armurier, mais c'est un argument tout à l'avantage des canons courts :

Des expériences comparatives faites au Crushèr-Polain entre les poudres pyroxylées françaises S et J, il résulte, on l'a vu plus haut, que les pressions initiales sont plus élevées, à charge proportionnelle, pour la poudre S. Mais si la poudre J donne des pressions moindres au moment et sur le point de la déflagration, elle conserve sa force bien plus que ne le fait la poudre S, dans le parcours du canon.

Ainsi, alors que la décroissance pour celle-ci, est à 60 centimètres du tonnerre, de 43,56 pour 100 si l'on tasse légèrement la poudre, le crusher accuse pour la poudre J, à la même distance de 60 centimètres et, dans les mêmes conditions, une dépression de 27,75 pour 100 seulement.

De telle sorte que, d'après cet essai, la poudre S, à 60 centimètres, exerce encore une pression de 420 atmosphères, et la poudre J, *davantage*, c'est-à-dire 468 atmosphères!

Mais ce n'est pas tout! Nous savons de source certaine et nous pouvons dire dès aujourd'hui, ce que nous pourrons prouver demain, que dans beaucoup de cas, la plupart des poudres pyroxylées voient leurs pressions s'élever plutôt que décroître au fur et à mesure qu'elles avancent dans le canon, si bien que l'effet exercé à la bouche est fréquemment plus violent que sur le point de la détonation.

Qu'en conclure? C'est que les canons doivent être très étoffés dans toute leur longueur. Or, ce que l'on ne peut demander à un canon long, sans l'alourdir désespérément, nous l'obtenons avec nos courts canons de 60 et 65 centimètres, qui, seuls, peuvent être épais, solides, sans excéder le poids normal d'un bon fusil. Ils le rendent, au contraire, plus léger, plus maniable, mieux en main, bien équilibré. Comme, malgré cela, nous garantissons qu'ils donnent, en cible, 10 à 15 pour 100 de plus que le meilleur choke, nos « mignons fusils », nos « charmants fusils » comme on se plaît à les dénommer, ont décidément toutes les supériorités.

Une bonne fortune nous arrive.

Le Guide était fini, imprimé, en partie broché déjà, lorsque nous avons reçu communication d'un travail éminemment remarquable (1) sur les pressions de tous les explosifs connus, leurs dangers, les précautions que nécessite leur emploi, le meilleur usage à en faire, etc.

Cette étude très poussée, approfondie, sensationnelle, est due à la plume, autorisée entre toutes, de M. l'ingénieur Polain, directeur du banc d'épreuves de Liége, haut commissaire du gouvernement belge pour la surveillance des armes à feu.

S'il est un homme dont la compétence en ces matières soit indiscutable, c'est assurément M. Polain, que ses fonctions officielles à la tête du plus important service d'épreuve du monde et ses recherches savantes ont initié à bien des secrets dont le public, en général, et l'armurier, en particulier, n'ont pas la moindre idée.

Il est l'inventeur de l'appareil à crushers multiples, instrument très simple en apparence, mais d'une précision mathématique, qui lui permet de déterminer avec la plus scrupuleuse exactitude les efforts que supporte un canon sur tous les points, du tonnerre à la bouche.

Et c'est après des expériences sans nombre, qu'il publie ses découvertes, accompagnant ses judicieuses réflexions,

(1) *Liége. Imprimerie Charles Gothier.*

*

d'intéressants graphiques qui parlent aux yeux comme à l'imagination.

Lui aussi écrit : « Je jette un cri d'alarme, espérant être écouté lorsqu'il en est temps encore ! »

Il était trop tard pour que nous pussions faire de larges emprunts au travail de M. Polain, que chacun voudra lire. Mais nous avons fait arrêter le brochage du Guide, pour y encarter cette page, dans le dessein de porter, à la hâte, à la connaissance de nos lecteurs, quelques-unes des remarques sensées et utiles dont cet ouvrage abonde.

Nous écourtons, nécessairement, et ne citons qu'une très infime partie des sages conseils que nous avons sous les yeux, les prenant de-ci de-là dans le corps de l'ouvrage.

La cartouche se compose de quatre éléments bien distincts :

1° l'amorce ; 2° la poudre ; 3° les bourres ; 4° le plomb.

L'amorce peut, suivant son énergie, produire avec une même poudre toute une série de phénomènes et, par suite, des effets très différents.

Dans le chargement d'une cartouche quelconque, destinée à produire un effet déterminé, il importe de tenir compte non seulement de la charge et de la nature de la poudre, mais aussi de la puissance de l'amorce.

Ce n'est qu'après des études très complètes que l'on est arrivé à peu près à ce résultat : faire une poudre vive, à grains assez résistants pour que l'humidité n'ait que très peu d'effet sur elle.

Il a été constaté qu'après le tir les poudres S laissent

dans le canon et les douilles de petits grains durs qui ont pour effet de détériorer les appareils de fermeture.

Le tassement de la poudre dans la cartouche ou l'emploi de douilles et d'amorces plus ou moins vives détermine des écarts de pression qui peuvent être considérables, surtout pour la poudre Schultze dont le grain est moins résistant que celui de l'EC.

Les diagrammes pris à l'aide de nos appareils montrent que c'est à tort que l'on amincit outre mesure, le canon à partir de 0,06 de la culasse.

La pression ne décroît pas *à mesure que le plomb avance dans le canon, s'éloigne de la culasse.*

Des réactions chimiques se produisent, qui ont pour effet d'élever plus ou moins la température des gaz dans l'âme du canon.

La pression à la bouche *du fusil de chasse est très fréquemment* supérieure *à la* pression à la culasse.

Notre but est de montrer aux armuriers et aux chasseurs qu'il y a lieu de prendre les plus grandes précautions lorsqu'on fait usage des poudres vives. C'est un point sur lequel on n'appuiera jamais assez.

Il y a des poudres noires dans le commerce qui sont extrêmement dangereuses. On ne doit pas faire usage des poudres noires, d'une façon inconsidérée.

Les poudres noires extra-fines *détonent sur place et provoquent fréquemment la rupture du mécanisme de fermeture ou de la culasse du canon.*

Les poudres progressives sont préférables aux poudres extra-fines brisantes ; elles donnent à la bouche du canon une pression supérieure, par conséquent le plomb a une force de pénétration plus grande.

Le chasseur devrait comprendre que l'arme qu'il achète n'a pas été fabriquée pour faire des expériences, *mais bien pour tirer des poudres connues.*

Voici les conditions que nous estimons qu'il y a lieu d'imposer :

1° *Prendre des fusils de tout premier choix pour tirer les poudres vives, fusils ayant des appareils de fermeture très solides, très résistants;*

2° *Ne faire usage que des poudres vives parfaitement connues;*

3° *Ne jamais se servir de poudres vives sans que le fusil ait été éprouvé à l'aide de poudres vives.*

4° *Prendre des cartouches de toute première qualité avec culot en cuivre très résistant et avec renfort intérieur métallique, chargées dans l'année;*

5° *Vérifier les cartouches afin de voir si les quantités de poudre et de plomb sont bien celles qui sont imposées pour le chasseur;*

6° *Vérifier la longueur de la chambre du fusil, chambre dans laquelle se place la cartouche, et avoir soin de ne pas se servir de douilles qui soient plus longues, parce que la partie sertie de la cartouche se développant par le tir, il se forme un étranglement dans le canon — un véritable choke qui est de nature à faire éclater le canon ou à faire rompre la bascule;*

7° *Avoir soin d'employer toujours, pour l'arme que l'on*

possède, la même poudre que celle avec laquelle le fusil a été éprouvé;

8° Ne jamais tasser la poudre, sans cela, la pression peut varier de plusieurs centaines d'atmosphères;

9° Avoir soin de vérifier la quantité de petits plombs, car, les expériences le démontrent, plus le poids du plomb est grand, plus la combustion de la poudre se fait complètement, plus la pression augmente, surtout à la culasse de l'arme. Il en résulte rupture ou dislocation.

Il est indispensable également de ne pas laisser les cartouches dans un endroit humide.

L'expérience a fait admettre que, pour obtenir une bonne cartouche, il faut la charger de la façon suivante :

Verser dans la douille, la poudre que l'on vient de peser, *à l'aide d'une* balance *de* précision *et, à frottements doux, faire glisser la bourre grasse sur la poudre vive.*

Éviter avec le plus grand soin d'appuyer sur la bourre lorsque celle-ci est en contact avec la poudre vive.

Poser sur la bourre grasse une bourre sèche en feutre.

Éviter une trop grande charge de plomb.

Avoir soin de ne pas mettre de bourre épaisse sur le plomb, mais plutôt un simple morceau de carton.

Ne pas oublier qu'une cartouche trop longue pour la chambre doit nécessairement, dans bien des cas, provoquer la rupture de l'arme avec laquelle elle est tirée.

Il résulte de ce fait, qui n'est pas discutable, que les chasseurs ne doivent pas prendre des cartouches à leur voisin de chasse. »

Puis, suit un tableau des charges de poudre et de plombs à préférer pour chaque nature de poudre pyroxylée et pour chaque calibre. Il est sensiblement le même que celui que nous avions imprimé.

Arrêtons-nous avec le regret de ne pouvoir puiser plus longuement dans cet instructif travail.

Nous pardonnera-t-on si, pourtant, nous relevons encore ces quelques mots :

« *A méditer cet avis que l'on peut lire dans un catalogue d'un fabricant d'armes parisien :*

Ce très bon fusil que nous fabriquons pour la *poudre noire* doit éclater tôt ou tard si l'on commet l'imprudence d'y tirer des *poudres pyroxylées.*

« *Cet armurier est dans le vrai. Il a jugé sainement la situation.* »

*On peut lire les lignes ci-dessus dans l'*Album-Galand, *éditions de 1894, 1895, 1896, page 2.*

BIBLIOTHÈQUE DU CHASSEUR

Nous offrons de procurer à nos clients les ouvrages ci-après, au prix de vente des éditeurs, sans aucun frais, lorsque l'expédition se fait avec d'autres objets, et moyennant le remboursement des frais de poste lorsque l'envoi isolé doit être affranchi. En ce cas, ajouter CINQUANTE CENTIMES *par volume au montant du mandat postal représentant le prix des ouvrages dont on demanderait l'expédition par la poste.*

LA CHASSE PRATIQUE, par E. BELLECROIX. 1 vol. . . . . 3 fr.
GUIDE PRATIQUE DU GARDE-CHASSE, par *le même*. 1 vol. . . . . 3 fr.
LES CHASSES FRANÇAISES, par *le même*. 1 vol. . . . . 3 fr.
LE DRESSAGE DU CHIEN D'ARRÊT, par *le même*. 1 vol. . . . . 3 fr.
LA CHASSE AUX SOUVENIRS, par le marquis de CHERVILLE. 1 vol. . . . . 3 fr.
L'HISTOIRE NATURELLE EN ACTION, par *le même*. 1 vol. . . . . 3 fr.
LA VIE A LA CAMPAGNE, par *le même*, 1 vol. . . . . 3 fr.
LA VIE EN PLEIN AIR, par Florian PHARAON. 1 gros vol. . . . . 3 fr. 75
LE FUSIL SUR L'ÉPAULE, par *le même*. . . . . 3 fr.
TRAITÉ DES LOCATIONS DE CHASSE, par Lucien JULLEMIER. 1 vol. . . 3 fr.
LE CHENIL. Causeries d'un paysan chasseur, sur les chiens de chasse, leur hygiène, leurs maladies. 1 brochure. 1 fr.
TRAITÉ PRATIQUE DES MALADIES DES CHIENS, par E. CAPRON, 1 v. . 1 fr. 50
AVICULTURE. Faisans, perdrix, colins; initiation à l'élevage, par E. LEROY. 1 vol. . . . . 3 fr.
LE LIÈVRE, par A. DE LA RUE. 1 vol. 2 fr.
DES CHIENS ANGLAIS, LEUR DRESSAGE, par Paul CAILLARD. 1 vol . . . . 3 fr.
LES CHIENS D'ARRÊT FRANÇAIS ET ANGLAIS, par A. DE LA RUE, DE CHERVILLE, BELLECROIX. 1 vol. illustré . . . . 10 fr.
LE FUSIL DE CHASSE; ses munitions, son tir, par le gén[l] FAURE-BIGUET . . 3 fr.
LA CHASSE AUX MARAIS, par Ch. DIGUET, 1 volume . . . . 3 fr. 50
MÉMOIRES D'UN FUSIL, par *le même* . . . . 3 fr.
TABLETTES D'UN CHASSEUR, par *le même* . . . . 3 fr.
LES CHASSES AUX BRACONNIERS, par DE BRUS . . . . 2 fr.
LE CHASSEUR AU CHIEN D'ARRÊT, par Elzéar BLAZE. 1 vol . . . . . . 3 fr. 50
LE CHASSEUR AU CHIEN COURANT, par *le même*. 2 vol. . . . . 7 fr.
LE CHASSEUR CONTEUR, par *le même*. 1 vol. . . . . 3 fr. 50

BIBLIOTHÈQUE DU CHASSEUR

(Suite)

CHASSE AU CHIEN D'ARRET, par LA NEUVILLE. . . . . 3 fr. 50
RÉCIT DE CHASSE DANS L'AFRIQUE CENTRALE, par BALDWIN. . . 1 fr. 20
LE TUEUR DE PANTHÈRES, par BOMBONNEL. 1 vol. . . . . 2 fr.
SOUVENIRS DE CHASSE, par VIARDOT. 1 vol. . . . . 1 fr.
LE VIEUX CHASSEUR, par DEYEUX. 1 vol. . . . . 1 fr.
LES CHASSES DU SECOND EMPIRE, par A. DE LA RUE. 1 vol. . . . . 3 fr.
LA CHASSE PRATIQUE DE L'ALOUETTE, par Léon REYMOND. 1 vol. . 1 fr. 50
LA CHASSE DANS LES FORÊTS DOMANIALES, brochure par un ancien garde général. . . . . 1 fr
LA CHASSE ET LA TABLE, par Charles JOBEY, 1 vol. avec gravures. . 3 fr. 50
LE LIVRET DE CHASSE, vol. illustré, suivi de la loi sur la chasse. . . . . 2 fr.
LES CHASSES DE L'ALGÉRIE, par le général MARGUERITTE, 1 volume illustré. . . . . 2 fr. 25
LE CHIEN, *son histoire, ses exploits, ses aventures*, par Alfred BARBOU, grand in-8° raisin, illustré. . . . . 10 fr.
NIDS, TANIÈRES ET TERRIERS, d'après J.-G. Wood, par Hippolyte LUCAS, beau volume in-8° jésus, illustré de 200 vignettes et 20 gravures. . . . . 10 fr.
LIVRE DU PÊCHEUR, par FISCH-HOOK. . . . . 3 fr. 50
MES GRANDES CHASSES DANS L'AFRIQUE CENTRALE, par Édouard FOÀ, magnifique ouvrage in-4°, admirablement illustré . . . . 10 fr.
MANUEL D'ESCRIME, approuvé par le Ministre. . . . . 1 fr.
AMATEURS ET SALLES D'ARMES, par TAVERNIER. . . . . 5 fr.
ART DU DUEL, *du même auteur*. . . . . 5 fr.
ART DE L'ESCRIME, par Michel BETTENFELD. . . . . 5 fr.

Armes d'occasion, excellents modèles d'Hier, liquidés à 20 0/0 de remise sur les tarifs d'hier, voir page 99.

MUNITIONS DE CHASSE
ET ACCESSOIRES

Pour Fusils " ÉLITE ,, *(à la poudre sans fumée).*

Douilles de carton, qualité extra, double cuirassement, le cent : calibres 4, 8, 10, voir canardières, page 83; calibre 12, 7 fr.; cal. 16 et 20, 6 fr. 50.

Douilles de carton, 1re qualité, cuirassées : calibre 12, 6 francs; tous autres, 5 francs.

Douilles Eley, saumon, pour poudre pyroxylée; verte, pour poudre noire : calibre 10, 8 fr. 50; cal. 12, 6 fr. 50; tous autres, 5 fr. 50.

Cartouches chargées : *poudre sans fumée, pesée au trébuchet*, le cent : calibre 12, 28 francs; cal. 16, 26 francs; cal. 20, 24 francs.

Plomb : *Chilled-shot*, tous numéros, par sacs de 5 kil. non divisibles 4 fr. 50; plomb dur de Paris, le sac de 5 kil., 4 francs.

Bourres : voir page 82.

Pour Fusils " CORRECT ,, *(à la poudre noire),* à broche ou feu central.

Douilles en cuivre, à feu central, qualité extra, se rechargeant des centaines de fois, la douzaine : calibres 4, 8, 10, voir canardières, page 83; calibre 12, 4 francs; cal. 16, 20, 24, 28, 3 fr. 50; cal. 32 (14 mill.), 3 francs; cal. 12 mill., 2 francs. — Le cent : qualité ordinaire, se rechargeant plusieurs fois (63 mill.) : calibre 12, 9 francs; cal. 16, 20, 24, 8 fr. 50.

Douilles de carton : 1re qualité et sorte extra, voir ci-dessus (*Élite*), le cent : 2e qualité, calibre 12, 4 fr. 50; cal. inférieurs, 4 francs; 3e qualité, cal. 12, 3 francs; cal. inférieurs, 3 francs; 4e qualité, cal. 12, 2 fr. 50; cal. inférieurs, 2 fr. 25.

Cartouches chargées (à la poudre noire), le cent : calibre 12, 26 francs; cal. 16, 24 francs; cal. 20, 22 francs; cal. 24, 21 francs; cal. 28, 20 francs; cal. 32 (14 mill.), 16 francs; cal. 12 mill., 12 francs.

Nota. — Les cartouches à balle et à chevrotines coûtent 2 francs de supplément.

(*Se rappeler que les cartouches à feu central sont à gros ou mince bourrelet et envoyer un modèle.*)

6

Accessoires pour le rechargement des douilles en cuivre.

Amorces, 3 francs la boîte de 500. — Recalibreur avec maillet, 5 francs. — Pince à trois branches, pour désamorcer et réamorcer, 7 francs (voir description, page 91). — Matrice à entonnoir et son mandrin, 1 fr. 50. — Sertisseur-godet pour douilles *extra*, 1 fr. 50, ou compresseur pour plisser les douilles ordinaires, 5 fr. — Boîtes de bourres supérieures (en *caoutchouc* ou *felt gras*, au choix), assorties, avec bourres liège pour charger 100 cartouches, à l'usage du *choke-bored :* calibre 10, 4 francs; cal. 12 et 14, 3 fr. 75; cal. 16 et 20, 3 fr. 25; cal. 24 et 28, 2 fr. 50; cal. 12 et 14 mill., 2 fr. 25. — Bourres de liège pour tenir les plombs : les 200, calibre 10, 2 fr. 25; cal. 12, 16 et 20, 2 francs; cal. 24, 28 et 32, 1 fr. 50.

Bourres pour douilles de carton.

Bourres supérieures en feutre ciré ou en *felt gras*, en boîtes assorties de bourres carte et carton feutré, pour charger 100 cartouches, à l'usage du *choke-bored :* calibre 10, 3 francs; cal. 12, 2 fr. 75; cal. 16 et 20, 2 fr. 50; cal. 24 et 28, 2 francs; cal. 12 et 14 mill., 1 fr. 75.

Bourres supérieures en caoutchouc, assorties comme ci-dessus, calibres 10 et 12, 2 fr. 50; tous autres, 1 fr. 75.

Bourres tous calibres, les 250 grammes : en caoutchouc, 2 francs; en feutre ciré, 2 fr. 50; en *felt gras*, 3 francs.

Bourres en carte mince, le mille : calibres 10 et 12, 2 fr. 50; tous autres, 2 francs.

Bourres en feutre gris, sec, la boîte de 200 : calibre 10, 0 fr. 80; tous autres, 0 fr. 60.

Bourres en feutre gris, double épaisseur, le sac de 500 : calibres 10 et 12, 2 francs; tous autres, 1 fr. 75.

Bourres en carton blanc, fort, les 200 : calibre 10, 0 fr. 50; tous autres, 0 fr. 35.

Bourres en carton feutré, le sac de 500 : calibres 10 et 12, 2 francs; tous autres, 1 fr. 75.

Boîtes pour 100 cartouches ordinaires, avec 100 bourres cartes, 100 feutre gris, 100 cartons feutré : calibre 10, 1 fr. 60; cal. 12, 1 fr. 10; tous autres, 0 fr. 80.

Nota. — Les bourres en feutre ciré procurent les meilleurs effets.

INDICATIONS A FOURNIR POUR LES COMMANDES

Page 95 : Expédition, transport, payement.
— 96 : Commande d'un fusil sur mesure.

GALAND, 13, RUE D'HAUTEVILLE, A PARIS

ACCESSOIRES SPÉCIAUX

ET MUNITIONS

Canardières, page 23.

Douilles de cuivre :

Longues, bourrelet plein, la douzaine : calibres 10, 5 francs. — 8 et 4, 9 francs.

Bourres supérieures (cirées ou grasses) en boîtes assorties de bourres liège à placer sur le plomb, pour 100 cartouches : calibres 10, 4 francs: 8. 4 fr. 50 ; 4, 5 francs.

Bourres liège : cal. 10, les 200, 2 fr. 25; cal. 8, le 100, 2 francs; 4, 2 fr. 50.

Mandrins : cal. 10, 0 fr. 50; 8 et 4, 1 franc.

Matrice à entonnoir : cal. 10, 1 fr. 50; 8 et 4, 3 francs.

Recalibreurs et maillets, tous calibres, 5 francs. — Pince à réamorcer (voir description page 91), 7 francs.

Amorces, les 500, 3 francs.

Douilles de carton, *cuirassées*, le 100 : calibre 10, 8 centimètres, 9 francs, cal. 8, 10 cent., 12 francs; cal. 4, 10 cent., 20 francs.

Bourres supérieures (cirées ou grasses) en boîtes assorties avec bourres carte ou carton feutré pour 100 cartouches : calibre 10, 3 francs; cal. 8, 3 fr. 50 ; cal. 4, 4 fr. 50.

Bourres sup. (caoutchouc) même assortiment, la boîte, calibre 10, 2 fr. 50 ; calibre 8, 3 fr. 75.

Bourres de carton, les 200 : calibres 10, 8 et 4, 0 fr. 50. — Sertisseur, 7 francs.

Baguettes en 4 pièces et 5 accessoires, 8 et 12 francs. — Grand fourreau très solide : 30 francs.

Armes de Parc.

PETITS FUSILS A UN COUP, page 26.

Pour le tir à plombs des nos 13, 13 bis, 14, 16 et 16 bis :

Douilles de carton : le cent, première qualité, 5 francs; deuxième, 4 francs; troisième, 3 francs; quatrième, 2 fr. 25, tous calibres.

Bourres, voir page 82.

Cartouches chargées : le cent : calibre 24, 21 francs; cal. 28, 20 francs ; 14 mill. (ou 32), 16 francs; 12 mill., 12 francs; 9 mill., 8 fr. 50.

Douilles de cuivre : qualité extraordinaire, la douzaine : calibres 24, 28, 3 fr. 50; cal. 14 mill. 3 francs; cal. 12 mill. 2 francs; 9 mill. 1 fr. 50.

Bourres. — Appareils de rechargement, voir page 82.

Pour tir à balle du canon rayé des nos 13 C, 15 et 16 bis.

Calibre 9 mill.—Le cent. cartouches chargées réamorçables, 18 francs. — Douilles cuivre réamorçables, 12 francs. — Balles, 3 fr. 25. — Amorces, les 500, 3 francs. — Outillage complet : moule à balles, recalibreur pose balle, maillet, pince à désamorcer et réamorcer (1) mesurette, 30 francs. — Baguette fer une seule pièce et accessoires, 3 francs. — Baguette en trois pièces avec poignée en cuivre et accessoires, 7 fr. 50.

*** Calibre 6 mill.** — Le cent, cartouches à balle blindée, poudre sans fumée, 15 francs. — A poudre noire et balle plomb, 12 francs — Douilles cuivre réamorçables, 6 fr. 50. — Balles blindées, 4 francs. — Balles plomb, 1 fr. 75. — Amorces, les 250, 2 fr. 50. — Bourres en carte, pour placer sur la poudre, le mille, 1 fr. 50. — Outillage complet avec moule à balle, 22 francs. — Baguette une seule pièce et accessoires, 4 fr. 50, en trois pièces avec accessoires, 7 fr. 50.

Cassette toile pour fusil à un ou deux canons, 25 francs. Fourreau moulé, 25 francs.

Armes de chasse, rayées, page 32.

Pour no 17 : Le cent, douilles cuivre, 12 francs. — Balles blindées, 6 francs. — Amorces, le mille, 6 francs. — Réamorceur-désamorceur (1), 7 francs. — Recalibreur et accessoires, 12 francs.

Pour no 18 : Les munitions à plombs, sont celles de tous fusils, voir page 81.

Canon rayé 6 mill. — Voir plus haut : calibre 6 mill. (*).

Calibre 25/25. — Le cent, cartouches à balle blindée, poudre sans fumée, 30 francs ; poudre noire et balle plomb, 20 francs. — Douilles cuivre réamorçables, 12 francs. — Balles blindées (toutes recouvertes de métal), 6 francs ; avec pointe plomb, 8 francs ; tout en plomb, 3 fr. — Amorces, les 250, 2 fr. 50. — Bourres en carte, pour placer sur la poudre, le mille, 2 francs. — Outillage complet avec moule à balle, 22 fr.

(1) Voir pince à trois branches, page 91.

Pour le n° 19: Les munitions à plombs sont celles de tout fusil, voir page 81.

Calibre 44 : Le cent, cartouches chargées réamorçables, 16 francs. — Douilles cuivre réamorçables, 7 fr. 50. — Balles, 3 fr. 25. — Amorces, les 250, 2 fr. 50. — Outillage complet de rechargement, 22 francs.

Calibre 40/82.— Le cent, cartouches chargées à balle pleine, 29 francs. à balle express, 31 francs. — Douilles cuivre réamorçables, 15 francs. — Balles pleines, 5 francs; balles express, 6 fr. 50. — Amorces, le mille, 10 francs. —Tubes en cuivre, 12 francs. — Appareil à désamorcer, réamorcer, sertir et moule à balle pleine, 28 francs. — Moule à balle supplémentaire pour projectiles express, 12 francs.

Express-rifle n° 20, *calibres 450 et 500 :* le cent, douilles cuivre réamorçables, 15 francs. — Balles tout encravatées et munies du tube cuivre, 9 francs. — Amorces, le mille, 7 francs. — Tubes en cuivre, pour balles, 12 francs. —Bourres en cire et en carton, devant s'interposer entre la poudre et la balle, 12 francs. — Papier pour calepins-cravates (*qualité spéciale*), 0 fr. 75 la feuille. — Moule à balle spécial, complet, 15 francs — Matrice et deux mandrins acier, pour recalibrer les douilles, 10 francs. — Outil rectifiant l'entrée de la douille, pour l'introduction de la balle, 2 fr. 50. — Sertisseur, 4 francs. — Appareil à trois branches, pour désamorcer et réamorcer (1) 7 francs. —Plaque cuivre pour découper les calepins, 2 francs. — Outil pour encravater la balle, avec ses calepins, 8 francs. — Cartouches chargées, le cent, 45 francs.

N°s 21 et 22, *calibre 577 :* le cent, cartouches chargées réamorçables, avec balle express ou balle pleine plomb, 10 francs; avec balle blindée, 60 francs. — Douilles en cuivre réamorçables, 20 francs. — Balles express, tout encravatées et munies du tube cuivre, ou balles pleines en plomb, 10 francs; blindées, 15 francs. — Amorces, le mille, 10 francs. — Bourres cire et carton, devant s'interposer entre la poudre et la balle, 12 francs. — Tubes cuivre, pour balles, 12 francs. — Outillage de rechargement, suivant détail indiqué ci-dessus pour n° 20.

N°s 30, 31, 32 et autres canons carabinés des *calibres 10 et 12 :* Pour le prix des munitions se reporter au tarif accessoires pour canardières, page 83. — Moule à balle pleine, calibres 4 et 8, 35 francs, calibres 10 et 12, 15 francs. — Moule pour projectile à pointe d'acier, calibres 4 et 8, 40 francs; calibres 10 et 12, 25 francs. — Pointes

(1) Voir pince à trois branches, page 91.

d'acier, tous calibres, la douzaine : pour balle pleine, 3 fr. 50; pour balle explosible, 4 francs. — Amorces pour balles explosibles, le cent, 2 francs. — *Baguette quatre pièces et accessoires, 8 et 12 francs. — Grand fourreau extra solide, 30 francs.*

Armes de tir, page 44.

Modèles d'étude nos 33, 34, 35, 36 : les amorces Flobert ordinaires, à balle ronde, coûtent, le mille, 9 francs; par boîte de 250, 2 fr. 50. — Les amorces système Bosquette, à double culot, le mille, 12 fr. 50; la boîte de 250, 3 fr. 50. — Les cartouches américaines 22, courtes, le cent, 3 f. 50. — Les amorces Flobert, 9 mill., le cent, à balle ronde, 3 francs; à balle conique et chargées à poudre, 3 fr. 50. — Baguette, une seule pièce, avec accessoires, 6 mill., 2 fr. 50; 9 mill., 3 francs; à tête libre tournante, avec lavoir, brosse et grattoir, 6 et 9 mill., 4 fr. 50. — Fourreaux, voir tarif général, page 93.

Modèle de Cadet n° 36 B. Ils sont les mêmes que ceux des nos 13 C, 15 et 16 bis. Voir ci-dessus, page 84.

Modèle de Stand, n° 37. — Moule à balle, 12 francs. — Pince à trois branches pour amorcer et désamorcer (1), 7 francs. — Outil recalibreur-chargeur pour asseoir les balles dans la douille, avec maillet, 12 francs. — Mesurette, 1 franc. — Douilles vides, réamorçables indéfiniment, le cent, 12 francs. — Balles comprimées, le cent, 4 francs. — Cartouches chargées, réamorçables, le cent, 22 francs. — Amorces, le mille, 6 francs. — Baguette de nettoyage : *en fer*, avec accessoires, 3 fr. 50; *en cuivre*, avec pomme mobile et accessoires, 7 fr. 50.

Pistolets, voir page 54.

N° **39**. *Calibre 6 mill.* — Les munitions et accessoires sont les mêmes que pour les carabines modèles d'étude nos 33, 34, 35, 36 ci-dessus.

Calibre 44. — Le cent, douilles métalliques extra, réamorçables, 10 francs; balles rondes, 3 francs; cartouches chargées, non réamorçables, 11 francs. — Amorces, les 500, 3 francs. — Moule à balle ronde, 8 francs. — Pince à désamorcer et à réamorcer (1), 7 francs. — Baguette cuivre, pomme tournante avec accessoires, 4 fr. 50. — Cassette chêne

---

(1) Voir pince à trois branches, page 91.

pour un pistolet (et ses accessoires), 25 francs; pour une paire, 40 francs. — Cassette riche, 50 et 60 francs.

Nos 40, 41, 42. — Consulter page précédente, aux nos 33, 34, 35, 36.

Revolvers de pochette, de poche, de guerre, page 58.

Nos 43 et 45. — Cartouches à poudre sans fumée, balle blindée, ou bien chargées de cendrée pour les chiens, 2 fr. 50 la boîte de 25. — Étui en chevreau ou chamois, avec fermoir cuivre nickelé, pour *Velo-Dog*, 3 fr. 50; pour *tuetue*, 4 francs. — Gaine cuir moulé, fauve ou noir, avec pochette et ceinturon, 5 fr. 50.

No 44. — Amorces système Bosquette à culot mince, le mille, 12 fr. 50; la boîte de 250, 3 fr. 50. — Cartouches cal. 22 américain, le cent : courtes, 3 fr. 50; longues à forte charge, 4 francs. — Gaines en chamois ou chevreau, avec fermoir cuivre nickelé, 3 francs. — Porte-cigare maroquin, 6 fr. 50.

Trousse complète de nettoyage et entretien, 5 francs. — Baguette fer avec grattoir, brosse et lavoir, 1 fr. 50.

Nos 46 et 47. — Cartouches Galand, à balles blindées maillechort et poudre sans fumée ou cartouche officielle 1892, balle blindée cuivre avec poudre noire, le cent, 10 francs. — Gaine officielle, cuir fauve ou noir, avec ceinturon, 10 francs. — Gaine, pochette à cartouches et ceinturon cuir fauve ou noir, 6 francs.

No 49. — Consulter page précédente, au no 39, calibre 44, excepté en ce qui concerne le moule à balle conique qui, substitué au moule à balle ronde, coûte 12 francs au lieu de 8.

Armes d'occasion, excellents modèles d'Hier, liquidés à 20 0/0 de remise sur les tarifs d'hier, voir page 99.

INDICATIONS A FOURNIR POUR LES COMMANDES

Page 95 : Expédition, transport, payement.
— 96 : Commande d'un fusil sur mesure.

GALAND, 13, RUE D'HAUTEVILLE, A PARIS

COUTEAUX DE CHASSE

FABRICATION FRANÇAISE, nº 54.

Couteau de chasse, dit grand modèle *américain* ou *bownie Knife* (coutellerie fine de Paris), lame large, effilée, à un seul tranchant — de qualité exceptionnelle, taillant les bois les plus durs et ne s'ébréchant pas même sur le fer — manche corne de cerf, monture fer forgé, fourreau cuir bruni, garniture nickelée, lame de 25 centimètres, 60 francs; de 30 cent., 65 francs; de 35 cent., 75 francs.

FABRICATION ANGLAISE, nº 55.

Nº 1. — **Couteau d'explorateur**, avec garde, lame pliante mesurant, ouverte, 0,24 de longueur et 0,025 de largeur. Fermée, elle ne dépasse la poignée que de 0,14, ce qui en fait une sorte de couteau de poche. Avec son fourreau en cuir noir, se portant à la ceinture, ce couteau à poignée buffle, quadrillée, coûte 45 francs.

Nº 2. — **Autre couteau**, du même genre, avec fermeture perfectionnée, lame plus courte et plus large : 0,21 et 0,28, ouverte ; 0,115, fermée. Avec fourreau cuir fauve, 50 francs.

Nº 3. — **Couteau plus léger**, sans garde, mesurant ouvert : 0,20 sur 0,02, et fermé, 0,105. Avec fourreau cuir fauve, 28 francs.

Nº 4. — **Couteau long**, fin, avec garde, lame fixe de 0,25 sur 0,03, poignée corne, avec fourreau cuir fauve, 40 francs.

Nº 5. — Le même, longueur 0,175, largeur 0,026, 15 francs.

(Le ceinturon avec porte-couteau, en cuir bruni, coûte 7 fr. 50; très fort, 10 francs.)

GALAND, 13, RUE D'HAUTEVILLE, A PARIS

(La rue d'Hauteville est située boulevard Bonne-Nouvelle, près le théâtre du Gymnase.)

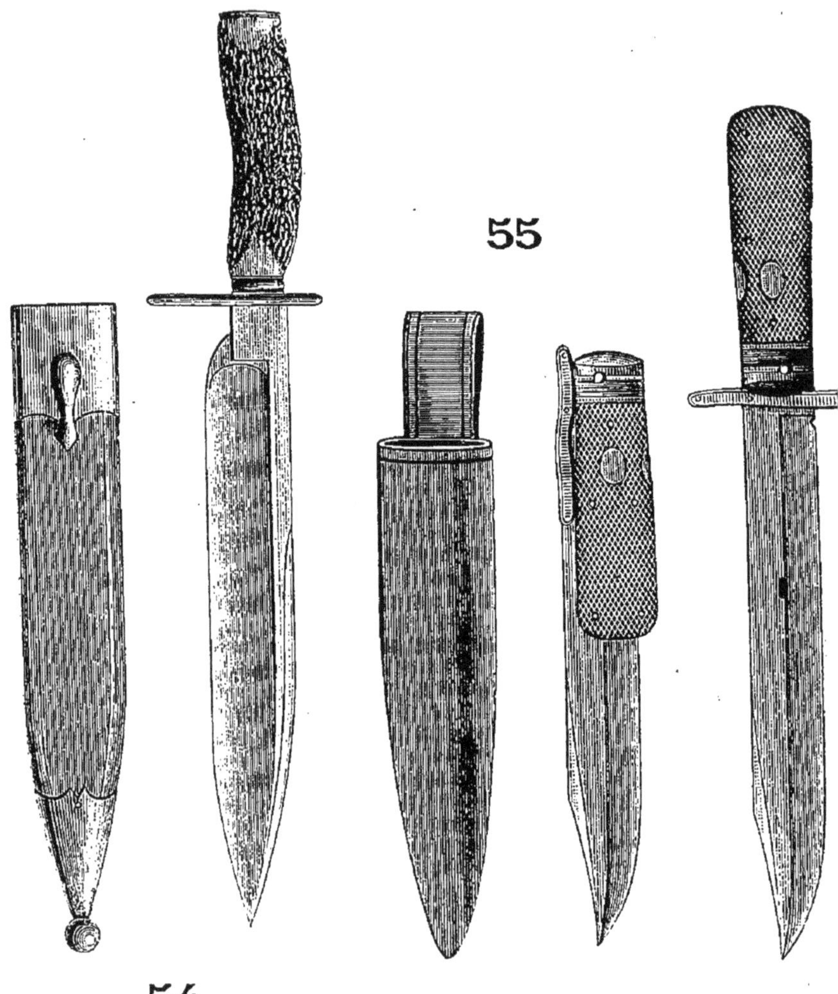
55
54

ESCRIME

ÉPÉES DE COMBAT.

La paire, montées, pommeau et garde fer poli, poignée peau, 20 francs.
— — — — avec fourreaux, 29 francs.
— — pommeau et garde acier gravés, poignée roussette, 60, 70 et 80 francs.
— — modèle italien, lame colichemarde, garde ajourée, sans fourreaux, 50 francs; avec fourreaux cuir fauve, 70 francs.

Lames d'épées fines, boutonnées, la paire, 12 francs; non boutonnées, 11 fr. 50.

FLEURETS.

Ordinaires, pour leçons, lames solides, tout montés, la paire, 4 francs.
Supérieurs, lame assaut, monture cuivre, poignée peau, 6 fr. 50.
Extra, modèles fantaisie, 10, 12 et 16 francs.
Lames fines, pour leçons, la douzaine, 12 francs.
— d'assaut, tous numéros, d°, 15 francs.

SABRES *pour contre-pointe*.

En bois, sans garde, la paire, 2 fr. 50; d° avec garde acier, 17 francs.
En acier, avec garde acier, la paire, 28 francs.

GANTS.

Avec manchette, 3/4 crispin, l'un, 2 fr. 50; grand crispin, 3 francs.
Pour boxe, bourrés crin, la paire, 9 fr.; avec manchettes, 13 francs.

PLASTRONS.

Modèle à cœur, 5 fr. 50; doublé de peau, 7 fr. 50; dit de Metz, 8 fr. 50.

GILETS.

En coutil, 12 francs; toile et peau, 15 francs; toile et veau fort, 25 francs.

SANDALES.

Basane, semelle buffle, la paire, 5 fr. 50 ; en veau, 6 fr. 50.

MASQUES.

Avec oreilles et fronton, modèle officiel de l'armée, 5 francs.
Avec bourrelets pour le sabre, 8 francs.

ARMES BLANCHES

(MODÈLES OFFICIELS D'ORDONNANCE)

Sabres officiers Infanterie, garde nikel, lame, fourreau nick. 30, 40 fr.
— — **Cavalerie**, garde similor, lame, fourreau polis, 35 fr.
— — **Artillerie**, garde dorée au mercure, — 40 fr.
Les mêmes avec lame *extra* Châtellerault, poinçonnée, 5 francs en plus.

Épées pour officiers toutes armes, administration, médecin, garde d'artillerie, archiviste, intendance, contrôle, etc. 40 et 45 francs.

Ceinturons, toutes armes, 6 francs.

Dragonnes, cordon soie, gland or, petite torsade, 15 francs ; grosse 19 francs; ordinaire, gland cuir, 1 fr. 75.

Emballage, sabre et accessoires, 2 francs.

CANNE-FUSIL

Canne-fusil ! Pour la première fois, ce titre n'est pas menteur. Il s'agit bien d'un fusil, véritable arme à feu constituant une *canne* élégante, que rien ne signale à l'attention, dans la main du promeneur.

La canne-fusil, modèle Galand, répond à toutes les exigences ; c'est une arme à feu, sérieuse, *offrant toutes garanties au tireur*, et habillée de telle façon que rien n'en divulgue le véritable caractère ; elle est à feu central *avec extracteur*, et se charge par la culasse ; sa manœuvre est simple, rapide, sûre ; c'est d'ailleurs celle du fusil de guerre français ; par un seul mouvement composé, on obtient à la fois : l'ouverture de la chambre, l'armer du percuteur, et l'expulsion de la *douille tirée.*

La canne, modèle Galand, à laquelle si on le désire, nous adjoignons une crosse d'épaulement séparée, réunit donc toutes les conditions de solidité, de sécurité, de simplicité et d'élégance que l'on recherchait dans une arme de cette nature.

Ces cannes se font aux calibres 7, 9 et 12 millimètres au prix unique de 40 francs ; avec crosse 50 francs.

Cartouches en cuivre, non réamorçables, chargées à plomb, le cent : 7 mill., 7 fr.; 9 mill., 8 fr. 50 ; 12 mill., 12 fr. — Douilles en cuivre vides, indéfiniment réamorçables, la douzaine 9 mill., 1 fr. 50 ; 12 mill. 2 fr. — Amorces de rechange, la boîte de 500, 3 fr. — Bourres supérieures assorties pour 100 douilles, 2 fr. 25. — Recalibreur et maillet, 5 fr. — Pince à désamorcer et réamorcer, 7 fr. — Godet sertisseur, 1 fr. 50. — Baguette à nettoyer, fer, une seule pièce, avec accessoires, 3 francs.

TARIF GÉNÉRAL

ACCESSOIRES

Appareils à désamorcer et réamorcer. — Pour douilles en carton avec amorces Gaupillat (en alvéoles), 4 francs. — Pour douilles de cuivre de chasse, guerre, tir (amorces plates), pince à trois branches (1), 7 francs.

Appeaux pour tous gibiers, de 0 fr. 50 à 3 francs.

Baguettes de nettoyage. — *Pour fusils :* D'une seule pièce, bois blanc avec lavoir cuivre, 0 fr. 75. En trois pièces se vissant ; bois de fer, 2 fr. 50 ; cuivre, avec poignée, 5 francs. A rallonges, s'emboîtant comme une longue vue, modèle en cuivre nickelé, en boîte avec tous accessoires, 10 francs.

— *Pour carabines rayées,* 9 mill. et au-dessus : D'une seule pièce, fer, avec grattoir, brosse, lavoirs, 3 francs. En trois pièces avec poignée, en cuivre et accessoires, 7 fr. 50.

— *Pour Flobert rayé* : D'une seule pièce et accessoires, 2 fr. 50. Dito perfectionnée, avec tête mobile pour 6 et 9 mill., avec accessoires, 4 fr. 50.

— *Pour revolvers* : Baguette fer et accessoires, 1 fr, 50.

Tous accessoires comme grattoirs, brosse, lavoir, 0 fr. 50 pièce.

Boîtes à fusil, — Toile ou cuir, nombreux modèles de 10 à 80 francs. En chêne, dessus et fond vissés, modèle recommandé pour colonies et pays chauds et humides, 40 francs.

Modèles recevant un fusil avec canon de rechange, de 35 à 85 francs. Modèles à double fond, pour loger tous accessoires de 60 à 150 francs.

---

(1) **La pince à trois branches** est le seul instrument pour le désamorçage et le réamorçage des douilles en cuivre, de chasse, de guerre et de tir. — La douille se place dans la branche inférieure et s'y assujettit par un petit taquet tournant ; on presse alors ensemble les *trois* branches, ce qui fait pénétrer l'aiguille extractrice dans l'amorce ; continuant ensuite à presser les *deux* branches supérieures, on éloigne vivement la troisième, celle portant la douille, ce qui arrache l'amorce de son logement. Une nouvelle amorce peut alors être placée, et elle se trouve fixée par le rapprochement des *deux* branches inférieures, sans toucher à celle du dessus qui n'est qu'un levier destiné à comprimer l'aiguille.

Boîtes à cartouches. En cuir bruni, avec courroies, article de luxe, très soigné, recevant 120 cartouches, sans serrure, 30 francs ; avec serrure, 40 francs.

Autre modèle de même qualité, plat, avec serrure, pour 100 cartouches, 40 francs.

Bourses à lapin.—La douzaine, de 1 mètre, 1m 20, 1m 40 : 5, 6, 6 fr. 50.

Bretelles. — Larges pour fourreaux, 1 franc ; pour fusil, 1 fr. 50 ; riche, 2 francs.

Brosses, pour graisser les armes à l'extérieur, 1 franc.

Carniers, cuir, toile imperméable ou tannée, nombreux modèles, de 12 à 35 francs

Cartouchières. — *Modèle ceinturon*, toile sans coulisse ni rabat, 20 tubes ouverts 2 fr. 50 ; fermés, 3 fr. 50.

— Toile imperméable, tubes ouverts, 5 francs, fermés, 6 francs.

— Cuir bruni ou marron, 20 tubes, 7 fr. 50 ; 30 tubes, 10 francs.

— *Nouveau modèle fermé*, étui moulé, deux compartiments, avec courroie, pour 32 cartouches, 12 fr. 50.

Chargettes à poudre et à plombs, modèle ordinaire pour poudre ou plombs, l'une, 0 fr. 75 ; soigné, 1 fr. 50 ; spécial pour poudre sans fumée, 3 francs.

Cheminées ou pistons, *pour fusil à baguette*, la douzaine : de 0 fr. 75 à 2 fr. 50 ; *pour fusil central*, pistons, percuteurs et ressorts, la paire : 2 francs.

Cartons pour cibles, avec divisions noires numérotées, de 10, 15, 20, 30 cent. carrés, le cent : 1 franc, 2 francs, 4 fr. 50 et 7 francs.

Cibles, *carrées*, fer solide pouvant s'accrocher à une muraille, avec porte-carton et mouche à ressort avec sujet, de 3 fr. 75 à 9 francs.

— *Rondes*, en tôle, deux tailles, 3 fr. 75 et 5 francs.

— *Rondes*, en fonte, très épaisses, de 9 fr. 50 à 13 francs.

Trépied pour supporter les cibles, séparément, 12 francs.

Colliers de force, modèle à boucle, s'attachant à l'endroit ou à l'envers, à 2 fr. 75 et 3 fr. 50.

Coupe-cartouches, ciseaux, tous calibres, 4 fr. 50 ; spirale, 2 fr. 50.

Crochets tire-cartouches, pour fusil à broche ou central, 0 fr. 50 et 1 fr. 50.

Emporte-pièces, suivant calibre et qualité, 2 à 4 francs.

Étrangleurs, pour former un pli dans les douilles en carton chargées à balle, ordinaire, 6 francs; perfectionné, modèle Galand, 10 francs.

Filets à gibier, en fil, 2 et 3 francs; en fouet, 4 fr. 50, 6 fr. et 6 fr. 50; — nouveau modèle, forme carnier, avec courroie, 6 fr. 50.

Fouets, grand modèle de piqueur, longue lanière cuir de Hongrie, pommeaux divers, 6 fr. 50 et 8 francs; fouets-laisse, cuir de Hongrie ou cuir bruni, enroulé et tressé, avec fort mousqueton, 3 francs.

Fourreaux, *pour fusil monté*, mouton, 5 fr. 50 et 6 fr. 50; veau, très solide, 15 francs; vache, 21 francs; *pour fusil démonté*, cuir bruni ou marron, 15, 20, 25, 30 ou 40 francs; extra, avec poche pour cartouches et accessoires, 50 francs; *pour carabines*, mouton, 4, 6 et 8 francs; veau, solide, 15 francs.

Graisse pour armes, la boîte, 1 franc. (*Il faut en employer très peu à chaque lubrification.*)

Huile d'horlogerie, pour les mécanismes, le flacon, 1 franc.

Laisses pour chiens, en fouet fort, avec mousqueton, 1 franc; en cuir, 1 fr. 75 et 2 francs; *laisse express*, en cuir de choix, pouvant se porter en sautoir et permettant de lacher le chien instantanément sans se baisser, 4 francs.

Mandrins et matrices, pour bourrer les cartouches, pour douilles en carton, 1 franc; en cuivre, 1 fr. 50.

Miroirs à alouettes, modèle Coulet, à pied double, excellent modèle à ficelle, 16 francs; modèle mécanique, *extra*, à double battement, 25 francs.

Moules à balles, ordinaire, en fer, pour balles sphériques, 2 francs; supérieur, à coupe-jet, 7 fr. 50; *en acier*, pour balles coniques, de 7 à 20 francs; pour 3 chevrotines, 6 ou 8 mill., 8 francs; pour balles explosibles, 25 francs.

Pointes d'acier, pour balles explosibles, la douzaine : 4 francs; massives, pour balles pleines, 3 fr. 50.

Pinces à 3 branches, voir Appareils.

Planches à charger, pour cartouches de chasse, tous calibres, 20, 50 ou 100 trous, 1 fr. 20, 3 francs, 6 francs.

Plomb de chasse, en sac de 5 kil. indivisibles, plomb anglais (*chilled shot*), 4 fr. 50; plomb durci de Paris, 4 francs.

Polissoirs, pour chambres de fusils à bascule, calibres 12 et au-dessous, 4 francs; cal. 10 et plus gros, 5 francs.

Pörte-fusils, crochets corne de cerf, montés sur portants chêne à moulure, pour 2, 3, 4, 5 fusils, la paire, 8, 11, 14 et 15 francs.

Réamorceurs, voir Appareils.

Sacs à furet, en toile à voile, grand fermoir cuivre, à bouton, se fermant à clef, 8 francs ; boîte en zinc, pouvant contenir deux furets, facile à nettoyer, 10 francs.

Sertisseurs, pour fermer les cartouches : à ressort, 2 francs ; à coulisse, 5 francs ; modèle extra, 16 francs ; grand modèle d'armurier, 50 francs.

Nota. — Ces deux derniers modèles peuvent recevoir des lissoirs de rechange de tous calibres, ce qui les rend utilisables pour toutes les sortes de cartouches.

Tournevis, différents modèles, suivant qualité de lame, 1 fr. 25 à 2 fr. 50 ; modèle américain à 4 lames, *précieux*, 7 fr. 50.

Tourne pistons, pour fusil à baguette, 2 fr. 50 ; pour fusil à feu central, modèle à magasin, avec cheminées, percuteurs et ressorts de rechange, 7 francs.

Trousses complètes, *pour fusil de chasse*, modèle ordinaire, 11 francs ; modèle riche en cassette chêne, fermant à clef, avec série complète d'ustensiles de choix (21 pièces), 50 francs.

GALAND, 13, RUE D'HAUTEVILLE, A PARIS

(La rue d'Hauteville est située boulevard Bonne-Nouvelle, près le théâtre du Gymnase.)

Armes d'occasion, excellents modèles d'Hier, liquidés à 20 0/0 de remise sur les tarifs d'hier, voir page 99.

INDICATIONS A FOURNIR POUR LES COMMANDES

PAR CORRESPONDANCE

On est prié de signer très lisiblement et de donner son adresse exacte, en précisant, en outre, la gare ou le bureau de correspondance où doit être dirigée l'expédition qui est faite aux risques et périls du destinataire. Le transport, comme l'emballage étant à sa charge, il convient d'éviter les erreurs et des frais de réexpédition, toujours coûteux.

CONDITIONS DE PAYEMENT. — L'expédition est *toujours et immédiatement* faite *contre remboursement*, à moins qu'elle n'ait été préalablement réglée par l'envoi d'un *mandat-postal*, d'un chèque ou de billets de banque renfermés dans une lettre chargée, à l'exclusion des timbres-poste.

Pour l'étranger et les colonies d'outre-mer, les commandes doivent non seulement et absolument être couvertes d'avance, mais aussi les frais d'expédition, d'affranchissement, d'assurance, etc., au moyen d'une provision suffisante, dont le reliquat est renvoyé avec le compte exact des débours effectués.

TRANSPORT, AFFRANCHISSEMENT. — L'envoi par COLIS POSTAL est économique, mais doit être affranchi jusqu'à destination. En payant d'avance, les frais pour des colis de 3 ou 5 kilogrammes pour la France continentale, sans limite de longueur ni de cube, sont de :

Pour 3 kilogrammes : en gare, 0,70 — à domicile, 0,95
De 3 à 5 kilogrammes : — 0,90 — — 1,15

L'assurance, si on déclare la valeur, coûte en outre, jusqu'à 500 francs, *dix centimes*.

Toutes nos marchandises peuvent voyager en GRANDE VITESSE, quel que soit leur poids, sauf les *cartouches chargées* qui ne sont admises à ce mode rapide de transport, *qu'en France seulement*, et aussi jusqu'à concurrence de 10 kilogrammes par expédition.

Les matières fulminantes et explosibles nécessitent un emballage spécial et ne peuvent voyager qu'en PETITE VITESSE ; ce moyen de transport économique doit être préféré pour les lourds envois, et, sauf avis contraire, nous l'employons chaque fois que nous y trouvons un avantage pour le destinataire. Il n'en résulte qu'un retard de quelques jours.

Les EXPÉDITIONS A NOTRE ADRESSE ne sauraient être faites avec trop de soin : à *M. Galand, 13, rue d'Hauteville, à Paris, à domicile* et *franco*, et l'expéditeur, alors même qu'il nous aviserait de son envoi, prendra toujours la précaution d'*écrire son nom* sur l'étiquette, afin que l'on sache d'où provient le colis, sinon ce serait s'exposer à ne plus en entendre parler de longtemps, car ce colis, arrivé avec d'autres, serait *rangé* et *délaissé* jusqu'à réception des renseignements permettant de le reconnaître.

Commande d'un Fusil

(INDICATIONS ET MESURES A DONNER).

Tous nos fusils à l'usage des poudres noires sont soumis à des épreuves à outrance, dans l'ordre suivant : 1° Le canon, brut de forge, percé et dégrossi ; 2° les deux canons, assemblés, soudés, limés et forés ; 3° les canons ajustés sur la bascule, forés à calibre, chambrés et terminés. Ces trois dures épreuves sont officiellement constatées sur chaque arme par l'apposition des poinçons réglementaires.

Ensuite, le fusil monté est l'objet de plusieurs tirs d'essai, à l'effet de régler la précision, le groupement des plombs, la pénétration.

Toutes nos armes, sans exception, étant ainsi traitées, nous pouvons absolument les garantir sans rivales, comme bonne exécution, solidité, précision, puissance de tir, etc., et nous les livrons exemptes de la moindre imperfection.

En outre, nos fusils « ÉLITE » (*pour l'usage de la poudre sans fumée*) subissent, *lorsqu'ils sont complètement achevés*, une 4e épreuve à la poudre pyroxylée, et sont alors poinçonnés des marques suivantes : Lion couronné, poids du canon, calibre exact des chambres. — Ces marques constituent, pour le tireur, la plus sérieuse, la plus complète garantie.

Pour commander un fusil par lettre, et l'avoir tel qu'on le désire, il est indispensable de préciser, avec force détails, le système, le numéro, le calibre de l'arme et la disposition du canon, — lequel peut, *ad libitum*, être reforé cylindrique à l'ordinaire, ou bien *choke-bored* à gauche, à droite, ou même des deux coups. Lorsque, par exception, l'on a l'habitude d'épauler à gauche, il faut le signaler; c'est important pour la mise en joue; on doit aussi indiquer si l'on veut avoir des détentes interverties, c'est-à-dire disposées pour que la première soit celle du coup gauche; mais il ne faut réclamer cette modification que si, déjà, l'on est habitué à se servir d'une arme ainsi établie, sinon l'on s'expose à quelque accident, car il n'est rien de plus traître que cela. Souvent un gaucher préfère avoir le coup DROIT *choke-bored* — c'est son second coup, à lui; — il est bon d'y avoir égard et de dire ce que l'on préfère lorsqu'on donne une commande.

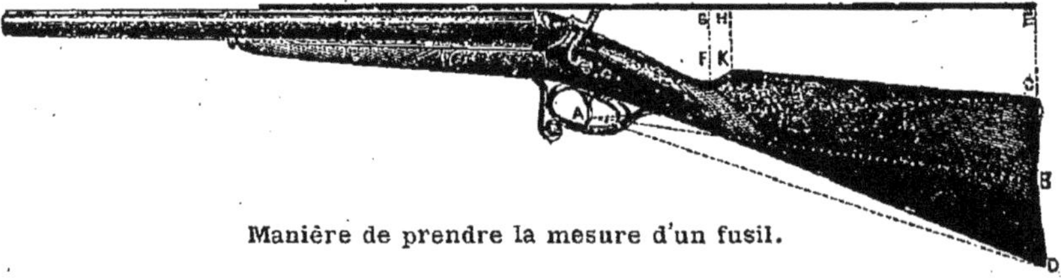

Manière de prendre la mesure d'un fusil.

Relativement aux dimensions de la crosse, on ne saurait attacher trop d'importance à les donner avec exactitude. Les longueurs les plus usuelles sont : pour dames et enfants, de 32 à 34 centimètres (A, B); pour hommes de petite taille, de 34 à 35 centimètres; pour les tailles moyennes, de 35 à 36 centimètres, et pour les géants, de 36 à 38 centimètres. Quant à la pente, elle varie de 4 à 9 centimètres (E, C).

Si l'on possède un vieux fusil, à la couche duquel on soit accoutumé, le mieux serait d'en faire copier la crosse. En ce cas, on envoie l'arme, en même temps que la commande, pour que toutes les proportions en soient relevées. Cette opération ne demandant que quelques minutes, le modèle pourra être retourné le même jour à l'expéditeur, qui n'aura pas à s'en séparer pour longtemps.

Si l'on ne peut envoyer le modèle que l'on trouve à sa convenance, il faut en indiquer minutieusement, par millimètres, les mesures suivantes : 1° *Longueur*. Distance de la première détente (A) jusqu'à l'extrémité de la crosse (plaque de couche), aux points B, C, D. 2° *Pènture*. On place une règle sur la bande du canon, de façon à continuer la même ligne droite jusqu'au-dessus du point C, et l'on compte le nombre de millimètres séparant la crosse de la règle, de C à E, de F — bas du nez de la crosse — jusqu'à G et de H à K — haut du nez de la crosse. De plus, si l'on attache de l'importance à la grosseur de la poignée, on peut en mesurer le tour et donner ce renseignement pour qu'il en soit tenu compte.

Mais si l'on n'a rien pour se guider, si les fusils dont l'on dispose ne sont pas satisfaisants et ne peuvent donner aucun point de repère, il faut avoir soin d'indiquer la taille et le degré de corpulence du chasseur auquel est destinée l'arme que l'on demande; dire également si le cou, les bras sont très courts ou très longs. Au moyen de ces explications, il pourra être fait choix d'un fusil réunissant les meilleures conditions possibles.

En général, on doit commander un fusil longtemps avant l'époque où l'on se propose de l'employer. Il se peut que l'on trouve, d'emblée, à ses mesures, le bon modèle satisfaisant de tous points à ses exigences et, certes, nos magasins sont trop abondamment pourvus d'armes excellentes, toujours prêtes à être livrées, pour qu'on ait à craindre de ne pouvoir s'y procurer ce que l'on veut; mais il est plus prudent et plus sage de donner le temps de fabriquer spécialement un fusil de tous points conforme à ses désirs; alors, on est sûr d'être servi à son gré.

Il faut compter sur un délai de deux mois pour obtenir, *sur mesures spéciales*, l'un ou l'autre de nos modèles; mais s'il fallait établir une arme à plusieurs canons de rechange ou d'un calibre inusité, — c'est-à-dire la faire tout exprès et tout entière, — il serait nécessaire d'accorder un délai de trois mois à trois mois et demi.

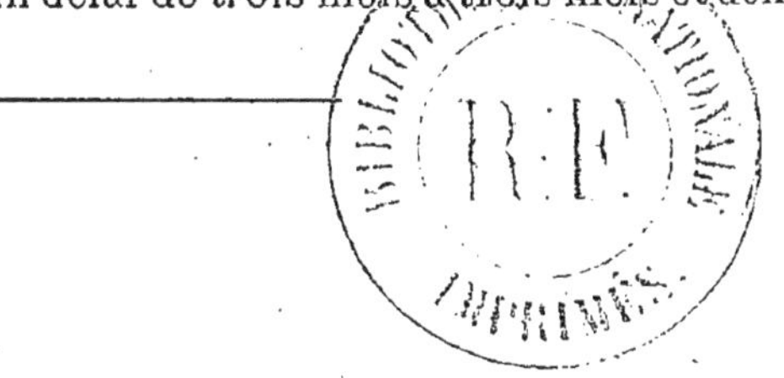
BIBLIOTHÈQUE NATIONALE R.F. IMPRIMÉS

OCCASIONS

Nous offrons ici tous les modèles d'armes dont nous cessons la fabrication et que, pour cette seule raison, nous liquidons en accordant *20 pour 100 de remise* sur les prix de nos tarifs précédents.

On comprend qu'il ne s'agit pas de marchandises de rebut, mais bien d'armes neuves, excellentes, d'une exécution soignée, que nous garantissons parfaites et n'ayant d'autre tort que celui d'être remplacées par de nouvelles créations.

Afin de pouvoir perfectionner et améliorer sans cesse, nous préférons consentir une forte réduction de prix et nous alléger de nos anciens modèles qui étaient, hier encore, les modèles les plus recherchés et demeurent supérieurs à ce qui existe actuellement un peu partout.

Les prix ci-dessous sont sujets à réduction de 20 pour 100.

Fusils à baguette, calibres 12, 16, 20, 24 et 28, de **80** à **180** fr.
— Lefaucheux à broche, calibres 16, 20 et 24, de **100** à **200** fr.
— clef anglaise à broche, calibres 12, 20 et 24, de **150** à **225** fr.
— clef volute à percussion centrale, calibre 12, de **275** à **500** fr.
— top-lever -d°- -d°- -d°- de -d°-
— clef anglaise -d°- -d°- calibre 16, de -d°-
— à un coup Lefaucheux à broche, cal. 20, 24 et 28, de **80** à **100** fr.

Pistolets Flobert, calibre 6 mill. lisse, de **20** à **30** fr.

Revolvers, modèle de guerre, calibre 12 mill. à percussion centrale se démontant à la main, sans outil, de **40** à **80** fr.

Revolvers à extracteur automatique, calibres 7, 9 et 12 mill., de **55** à **85** francs.

Même modèle, calibre 12 mill. avec crosse d'épaulement démontable, le transformant en carabine, de **80** à **100** fr.

Revolvers-Galand démontables, calibres 7 et 9 mill, de **30** à **50** fr.
-d°- de poche, modèle réduit, calibres 7 et 9 mill., de **30** à **50** fr.

Revolvers modèles anglais, calibres 7, 9 et 12 mill., de **30** à **50** fr.

Revolvers de poche, gros calibre (12 mill.), dimensions réduites, de **30** à **50** fr.

TABLE DES MATIÈRES

Paris. — Imprimerie Larousse, 17, rue Montparnasse.

BIBLIOTHÈQUE NATIONALE R.F. IMPRIMÉS

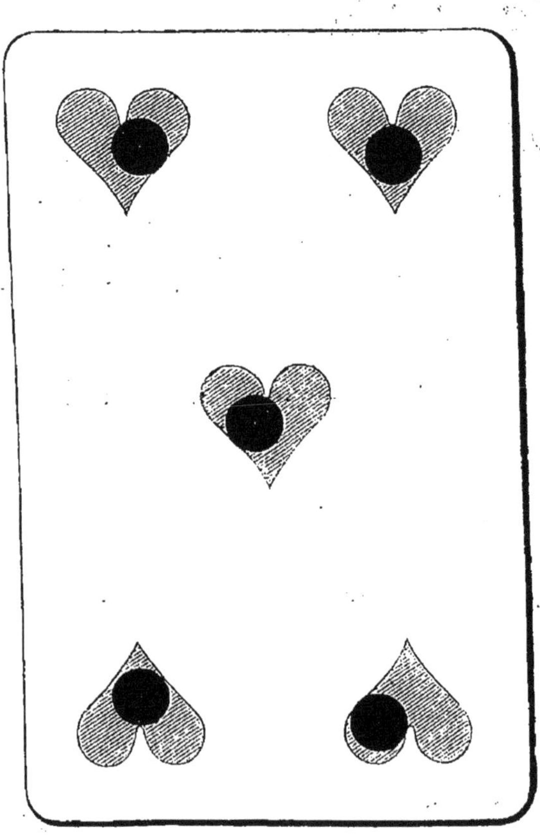

Fac-similé d'une carte faisant cible
Tir du pistolet « Ira Paine ».
(*Voir page 54.*)